INVENTIONS

ET

DÉCOUVERTES

OU

LES CURIEUSES ORIGINES

PAR

ERNEST SOULANGES

TOURS

ALFRED MAME ET FILS

ÉDITEURS

INVENTIONS

ET DÉCOUVERTES

Les aérostats, (P. 19.)

INVENTIONS

ET

DÉCOUVERTES

OU

LES CURIEUSES ORIGINES

PAR

ERNEST SOULANGES

DOUZIÈME ÉDITION

REVUE AVEC SOIN ET MISE AU NIVEAU DES CONNAISSANCES ACTUELLES

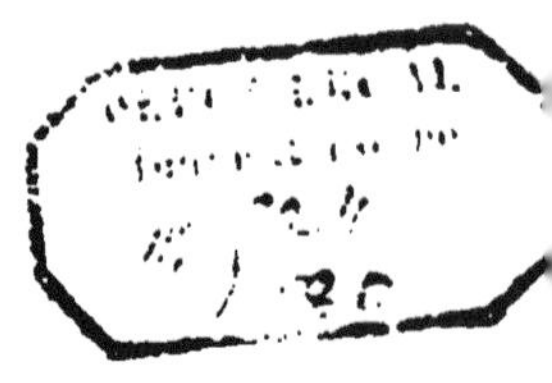

TOURS

ALFRED MAME ET FILS, ÉDITEURS

M DCCC LXXX

BUT DE CE LIVRE

Les enfants ont tous les jours sous les yeux une foule d'objets dont il faut bien leur expliquer l'usage: l'enfance est de sa nature si curieuse, si avide de se rendre compte de tout ce qu'elle voit, de tout ce qui l'entoure! On satisfait communément à cet instinct insatiable de curiosité, et l'on a raison; mais alors qu'on lui fait admirer les propriétés de tant d'inventions précieuses et de découvertes utiles, il manque, le plus souvent, quelque chose de bien essentiel à ces petits enseignements : c'est de faire connaître en même temps l'origine et l'histoire de toutes ces choses.

C'est donc pour venir en aide aux familles, dont la mémoire ou la patience pourrait être quelquefois en défaut, et pour fournir aux enfants un aliment toujours récréatif et profitable à leur désir de savoir et d'apprendre, que nous avons eu la pensée de ce petit livre, véritable *memento* qu'ils pourront constamment étudier ou consulter au besoin, et qui de bonne heure meublera leur tête de faits curieux, d'idées positives.

Sous sa forme modeste, ce livre est le fruit de nombreuses recherches; nous nous sommes appuyé, en mainte occasion, des travaux et de l'autorité d'hommes bien connus dans la science, tels que MM. Bonafoux, Collet, Darnis, Jacob, de Moléon, Ollife, Redding, Poiteau, Simon (de Nantes), Stouvenel, Virlet, etc. etc. C'est surtout lorsqu'on parle aux enfants qu'il faut s'efforcer d'être toujours dans le vrai, en puisant aux bonnes sources.

INTRODUCTION

ABEILLES. — La Fable prétend que le berger Aristée, fils d'Apollon et de la nymphe Cyrène, apprit le premier aux Grecs l'art d'élever les abeilles, de les rassembler dans les ruches, et de tirer parti de leur miel.

ABRICOTIER. — Il est originaire d'Arménie. Aussi les botanistes l'appellent-ils en latin *armeniaca*.

ACAJOU. — Ce bois, qu'on tire des Indes, n'est connu en Europe que depuis le commencement du dernier siècle.

AIGUILLES. — On en doit l'invention à une femme grecque : jusque-là on faisait usage d'os pointus, d'épines, d'arêtes de poisson.

AIRAIN. — Avant que le fer fût connu, les hommes employaient fréquemment ce métal, alliage de cuivre avec plusieurs autres substances métalliques, notamment avec le plomb et l'étain; ils en faisaient des vases, des armes, des faucilles, des haches, des couteaux et même des miroirs.

ALCÔVE. — On croit que la première idée en vient d'Orient; car le mot *alcôve* dérive du mot arabe *el kauf*, qui signifie *lieu où l'on dort*.

ALMANACH. — Nos ancêtres traçaient le cours des lunes pour toute l'année sur un morceau de bois qu'ils appelaient *al monagt;* telle est, dit-on, l'origine des almanachs. D'autres auteurs, avec plus de raison, tirent ce mot de l'arabe *al manach*, qui signifie le *comput*, les Arabes ayant cultivé de bonne heure l'astronomie.

ALPHABET. — Les Égyptiens, les Chaldéens et les Phéniciens se disputent l'honneur d'avoir inventé l'écriture alphabétique. C'est le Phénicien Cadmus, 1580 avant Jésus-Christ, qui aurait apporté en Grèce l'alphabet et l'art d'écrire. Tout le monde connaît les beaux vers qui lui attribuent cet honneur :

> C'est de lui que nous vient cet art ingénieux
> De peindre la parole et de parler aux yeux,
> Et par les sons divers de figures tracées,
> Donner de la couleur et du corps aux pensées.

AMADOU. — Cette substance spongieuse est fournie par la partie interne d'une espèce de champignon appelé *agaric du chêne* ou *amadouvier*. Pour en faire de l'amadou propre à allumer le feu, on l'imprègne d'une dissolution de nitrate de potasse ou salpêtre, et on la fait sécher. L'amadou a la propriété bienfaisante d'arrêter les hémorragies. Cet emploi était connu des anciens; longtemps négligé, il a été renouvelé, à la fin du siècle dernier, par un nommé Brossard.

Ancres de vaisseau. — Midas, roi de Phrygie, passe pour les avoir inventées. On avait employé jusque-là, pour arrêter les vaisseaux, de grosses pierres, des paniers, des sacs remplis de sable et attachés à des cordes, qu'on descendait dans la mer.

Arc. — L'usage de cette arme paraît remonter à la plus haute antiquité. Les Perses apprirent des Mèdes à manier l'arc et le javelot : les anciens attribuaient l'invention de l'arc à Apollon.

Ardoise. — Cette substance minérale, assez abondante, et dont l'usage est aujourd'hui fort répandu, n'était pas connue des anciens. Les premières ardoises furent retirées, dit-on, du pays d'*Ardy*, en Irlande. Selon d'autres, ce mot dérive du celtique *ard*, pierre.

Art de lustrer la soie. — Octavio Mey avait vu une fortune de plusieurs millions s'engloutir dans son commerce. Un jour qu'il rêvait, en se promenant sur les bords de la Saône, au moyen de réparer ses malheurs, il broyait, dans son désespoir, quelques brins de soie entre ses dents. Cette action donna à la soie un lustre inaccoutumé. Octavio Mey conçut aussitôt l'application d'un procédé mécanique qui fit acquérir à la soie le brillant qu'on lui connaît.

Asperge. — Elle nous vient d'Asie. Elle croît naturellement dans certains terrains sablonneux. On l'a cultivée pour la première fois, en France, vers l'an 1608.

Bains. — Les Orientaux sont les premiers qui construisirent des édifices à l'usage des bains. Les Grecs suivirent cet exemple, et les Romains introduisirent à leur tour l'usage des bains dans les Gaules.

Baïonnette. — Cette arme, dont l'auteur est resté inconnu, fut inventée à Bayonne, comme l'indique son nom; en 1640, on adapta les baïonnettes au bout des canons des mousquets.

Balances. — L'invention des balances est si ancienne, qu'il en existait du temps d'Abraham.

Balcons. — C'est un certain Menius qui le premier fit construire, à Rome, des balcons chez lui.

Banques. — Ce mot vient du mot italien *banco*, qui signifie *banc*. Un banc était anciennement établi sur les marchés des villes de commerce d'Italie pour l'échange des monnaies. Chaque négociant avait le sien; quand ses affaires avaient mal tourné, son banc était cassé (*banco rotto*); de là l'origine du mot français *banqueroute*.

Baromètre. — Cet instrument, qui sert à marquer les variations de la pression atmosphérique, a été inventé, en 1643, par Torricelli, disciple de Galilée.

Bas. — Henri II porta, en 1559, les premiers bas de soie tricotés qu'on ait vus en France. Le métier à bas, inventé chez nous, fut transporté en Angleterre, puis réintroduit, en 1656, par un Français nommé Hindres. Le perfectionnement de ce métier ne date que de 1808.

Bateaux en métal. — C'est une invention toute récente. Le premier bateau en métal qui ait paru sur la Seine est l'*Aaron-Manby;* déjà les Anglais avaient fait l'essai de ce genre de bateau pour l'expédition des frères Lander en Afrique.

Berline. — La première de ces voitures, dont l'inventeur n'est pas connu, se fit à Berlin.

Beurre. — Les Grecs en faisaient usage; les Romains en doivent la connaissance aux Germains. Primitivement on ne s'en servait que comme topique pour les plaies.

Bière. — Cette boisson était celle de la plus grande partie des habitants de l'ancienne Égypte. Osiris passait pour l'avoir inventée. Comme les Égyptiens, les Gaulois connaissaient deux espèces de bière : l'une d'elles s'appelait *cervoise*. Cette boisson était connue des Germains et des anciens Espagnols.

Bombe. — Le bruit que fait la bombe en éclatant est l'origine même de son nom. On en fit pour la première fois usage en France en 1521, au siège de Mézières.

Bonnets. — C'est en l'an 1449, lors de l'entrée de Charles VII à Rouen, qu'on vit les premiers bonnets; jusqu'alors on s'était servi de chaperons ou de capuchons.

Bouclier. — Une des plus anciennes armes défensives. Les Égyptiens s'en attribuaient l'invention.

Bougies. — Ce nom est dérivé, dit-on, de la ville de Bougie en Algérie, anciennement célèbre par son commerce de cire.

Brouettes. — La date précise de leur origine est assez incertaine; elle paraît se rapporter à la fin du XVIIe siècle. On en attribue l'invention à Pascal.

Cachets. — Leur usage remonte à la plus haute antiquité. Les cachets des anciens étaient communément gravés sur le chaton des anneaux qu'ils portaient à leurs doigts.

Cadran solaire. — Son invention remonte aux Chaldéens. On en vit pour la première fois à Rome 262 ans avant Jésus-Christ.

Chandelle. — On s'en sert depuis l'an 1300; jusque-là on ne s'était éclairé qu'avec des éclats de bois et avec de l'huile.

Chanvre. — Le chanvre est venu de la Perse, d'où il passa en Égypte; Pythagore le rapporta de cette dernière contrée.

Cheminées. — Les anciens paraissent ne les avoir pas connues; pour se chauffer, ils se tenaient auprès de brasiers pleins de charbons allumés; ce mode de chauffage est encore usité en certains pays.

Chemises. — A la fin du XIVe siècle, l'usage des chemises de toile était fort peu connu; on ne se servait que de chemises de serge.

Chiffres. — Leur origine vient des Arabes : d'où leur nom. C'est en 550 que l'usage en a été transporté d'Orient en Europe.

Chocolat. — C'est du Mexique que les Espagnols, vers l'an 1520, ont apporté en Europe le premier chocolat; il n'a guère été connu en France qu'en 1661.

Cidre. — Boisson fort ancienne : elle était en usage en France bien avant le XIIIe siècle.

Cire. — L'invention de la cire à cacheter ne date que de 1620, elle a pris naissance à Paris.

Compas. — On en est redevable à Talaüs, neveu de Dédale; on lui attribue du moins l'invention de cet instrument de mathématiques dont on se sert pour décrire des cercles et mesurer des lignes.

Corset. — Son introduction en France, vers 1533, est due à Catherine de Médicis.

Couteaux. — Les anciens n'en connaissaient pas l'usage; une espèce de poignard qu'ils portaient à leur ceinture leur en tenait lieu.

Cravates. — On en a emprunté l'usage aux Croates, qu'on appelait en France *cravates :* ce fut en 1636.

Cuillers, fourchettes. — Elles nous viennent d'Italie, où elles étaient connues dès la fin du Xe siècle. En 1610, les Anglais regardaient encore une fourchette comme un meuble inutile.

Diorama. — Cette invention admirable de MM. Bouton et Daguerre ne date que de l'année 1822.

Dorure. — Cet art, transmis des Grecs aux Romains, fut connu à Rome vers l'an 571. Jusque-là on couvrait les bustes d'une couleur rouge.

Drap. — Dès les premiers siècles de notre ère, on fabriquait déjà du drap à Arras.

Écarlate. — C'est un mécanicien du nom de Corneille Drebbel qui, le premier, a trouvé l'art de teindre en écarlate.

Écluse. — Cette invention ne date que de l'année 1481; elle est due à deux mécaniciens de Viterbe en Italie.

Édredon. — La nature a couvert de ce duvet chaud et léger l'estomac d'une espèce de canard habitant des mers glaciales, connu sous le nom d'*eider*.

Égouts. — Les Romains avaient construit des travaux très remarquables en ce genre. En France, les premiers furent construits à Paris sous les règnes de Charles V et de Charles VI, c'est-à-dire de 1370 à 1375.

Encensoirs. — L'usage nous en vient des Juifs; mais ceux dont on se servait primitivement étaient des cassolettes sans chaînes.

Épingles. — Elles ont paru pour la première fois en Angleterre vers 1543. Les dames se servaient jusqu'à cette époque de brochettes de bois, d'ivoire, ou d'épines. On a calculé qu'il se consommait par an, seulement à Paris, soixante millions d'épingles.

Étain. — Son exploitation ne date chez nous que de 1806; jusqu'à cette époque, la France semblait n'en posséder aucune mine.

Éternument. — Autrefois on regardait l'éternument comme un mauvais présage. L'usage de faire des souhaits est très ancien; les Grecs disaient, en pareil cas : *Vivez*, ou bien : *Que Jupiter vous conserve;* les Romains disaient : *Portez-vous bien.*

Éventails. — Ce mot, comme le verbe *éventer*, dérive du mot *vent*, ainsi qu'il est facile de le reconnaître. C'est de l'Orient que l'Europe a reçu l'usage des éventails. En Italie et en Espagne, on a de grands éventails carrés, suspendus au milieu des appartements, pour en agiter et en rafraîchir l'air. L'usage des éventails paraît s'être introduit en France sous Henri III.

Faïence. — Le nom de cette poterie émaillée de blanc que nous appelons *faïence* provient, selon les uns, de Faenza en Italie, où l'on a commencé à en fabriquer en 1299; selon d'autres, de Fayence, petit bourg de Provence, qui serait le premier endroit où l'on en aurait vu en France.

Fer-blanc. — C'est en Bohême qu'on a primitivement découvert ses procédés de fabrication : on en doit l'introduction dans notre pays à Colbert.

Flambeaux. — Ceux des anciens n'étaient pas de cire, comme les nôtres, mais de bois séchés de diverses manières.

Flèche. — Son usage était connu des peuples les plus anciens.

Flute. — C'était l'instrument militaire des Lacédémoniens. Les poètes en attribuent l'invention à Apollon ou à Mercure.

Fours. — Il en est parlé dès le temps d'Abraham; mais dans l'origine ces fours étaient bien différents de ce qu'ils sont aujourd'hui.

Fusil. — Son usage n'a commencé à se généraliser que vers l'an 1704; on s'était jusqu'alors servi d'arquebuses et de mousquets.

Gants. — Les anciens en portaient; mais ils étaient du cuir le plus fort. Les gens de la campagne commencèrent à en faire usage pour se garantir des piqûres d'épines; on en vint ensuite à s'en servir l'hiver pour se préserver du froid.

Garance. — Originaire du littoral asiatique de l'Archipel, la garance servait déjà aux anciens pour former leur pourpre royale. De là elle passa en Italie, en Flandre, en Allemagne et en Hollande. C'est vers le milieu du XVIIIe siècle que cette plante fut importée dans le comtat d'Avignon par un réfugié de Smyrne nommé Althen.

Gaze. — Ce tissu doit son nom à la ville de Syrie Gaza, d'où il est primitivement venu.

Gilet. — Cette partie de notre vêtement est ainsi appelée d'un bouffon du XIIIe siècle nommé Gilles, qui en introduisit l'usage.

Gobelets. — Les gobelets d'argent commencèrent à devenir chez nous un objet de luxe vers l'an 1300.

Grille. — Leur invention ne date que de 1715. On en est redevable à un habile artiste, du nom de Pierre Denis.

Guitare. — Son origine est inconnue; elle nous vient des Espagnols.

Harengs. — La première pêche de harengs dont on ait eu connaissance en Europe s'est faite sur les côtes d'Écosse, vers 1330.

Hermine. — C'est une espèce de petite belette, au poil très fin et très blanc, ayant une petite pointe noire au bout de la queue. Les Arméniens ont les premiers fait connaître cette fourrure; c'est à cette circonstance qu'elle doit son nom.

Hôpital. — Le premier qui fut fondé en France est l'Hôtel-Dieu de Paris, bâti sous Clovis II, vers l'an 608.

Jour et heures. — Les anciens connaissaient notre division du jour en heures. Les Égyptiens distribuaient le jour en douze parties; les Grecs adoptèrent ce partage; mais, au lieu de compter les heures comme nous, de minuit à minuit, ils les faisaient partir du lever du soleil à son coucher.

Huile. — L'invention de l'huile remonte à la plus haute antiquité. Du temps de Moïse elle était déjà fort en usage.

Ivoire. — Les Grecs savaient le travailler, et l'appliquaient à des sièges et sur d'autres meubles, comme ornement.

Jabot. — C'est le nom d'une espèce de poche que les oiseaux ont sous la gorge. Par similitude, on a donné le nom de *jabot* au morceau de mousseline, de batiste ou de dentelle qu'on attache quelquefois encore, comme parure, à l'ouverture de la chemise, au-devant de l'estomac.

Laiton. — Alliage de cuivre et de zinc. Il y a moins de soixante ans que cette utile fabrication s'est naturalisée en France.

Lampions. — Les Romains avaient l'habitude, lors de leurs réjouissances publiques, de placer de petites lampes en dehors de leurs fenêtres. De là, pour nous, l'origine de ce mot.

Lanterne. — Leur invention remonte à la plus haute antiquité; les anciens se servaient de vessies pour cet usage. De là un proverbe bien connu.

Lanterne magique. — L'invention de cette petite machine d'optique date de la fin du XVIIe siècle.

Limonade. — Cette boisson était en usage à Paris vers 1630; on a dès lors appelé limonadiers ceux qui vendent toutes sortes de boissons.

Lunettes. — Nous sommes redevables de leur invention à un Florentin nommé Salvino, mort en 1317.

Manteau. — Ce vêtement, très ancien, était fort en usage chez les Grecs; les Romains ne l'adoptèrent que sous les empereurs.

Marionnettes. — Elles étaient bien connues des Grecs. Un arracheur de dents, Jean Brioché, qui vivait au XVIIe siècle, passe chez nous pour l'inventeur des marionnettes; mais c'est l'Italien Marion qui les introduisit en France, sous Charles IX, et qui leur donna son nom.

Maroquin. — On donne ce nom aux peaux de bouc ou de chèvre travaillées et ensuite mises en couleur. Ce mot dérive de *Maroc*, en Barbarie, où fut inventée la fabrication du maroquin.

Marteau. — Cet instrument tient aux premiers besoins de l'homme; aussi les anciens en font-ils remonter l'usage aux temps les plus reculés.

Matelas. — Les anciens en connaissaient l'usage. Ils faisaient leurs matelas de plumes extrêmement douces; ils en couvraient les lits qui servaient aux festins, et ceux sur lesquels on plaçait les images des dieux.

Mesures. — Elles ont été connues de toute antiquité chez les Egyptiens, les Hébreux et les autres peuples de la terre.

Mausolée. — Artémise, veuve de Mausole, roi de Carie, lui éleva, pour perpétuer le souvenir de ses regrets, un tombeau superbe, l'une des sept merveilles du monde; les monuments de cette nature furent depuis appelés *mausolées*.

Menton. — C'était une coutume, chez les anciens, de toucher le menton de ceux qu'on voulait persuader. Autrefois un menton rasé était un signe d'esclavage. Chez les Romains, on rasait le menton des criminels.

Microscope. — Cet instrument fut inventé, en 1590, par Zacharias Jansen, fabricant de lunettes à Middelbourg.

Miroirs. — Les premiers miroirs furent de métal; l'usage en était établi dès la plus haute antiquité. Ce n'est qu'au XIIIe siècle qu'on vit paraître les premiers miroirs de verre ou de glace étamée.

Montres. — On suppose que ce fut à peu près au temps de Charles-Quint que l'on commença à faire des montres; ce prince regarda, dit-on, comme quelque chose de fort curieux une horloge de cette espèce qu'on lui présentait.

Mouchoirs. — Les anciens, du moins les Grecs, n'en faisaient pas usage. Jadis les personnes de distinction se servaient de leur manteau pour s'essuyer les yeux.

Mousselines. — Elles vinrent primitivement de Mossoul, ville d'Asie. Ce n'est que depuis quatre-vingts ans environ que la fabrication des mousselines a commencé à s'établir en France avec une certaine extension.

Musc. — Ce parfum est ainsi appelé du nom de l'animal qui le produit; il se trouve dans une poche placée sous son ventre.

Musette. — Cet instrument est ainsi appelé de Colin Muset, son inventeur, qui vivait au XIIIe siècle.

Orfèvrerie. — L'art de travailler l'or et l'argent était connu, dès la plus haute antiquité, en Asie, en Égypte. De là il a passé en Europe; il s'est surtout admirablement perfectionné depuis le XVe siècle.

Orgue. — Cet instrument, quoique fort ancien, resta peu connu en France jusqu'au VIIIe siècle. Les premières orgues qu'on y ait vues furent apportées d'Orient.

Pains a cacheter. — Il n'y a guère plus de deux siècles qu'on s'en sert pour cacheter les lettres.

Paniers a ouvrage. — Les dames romaines en avaient comme les nôtres; elles y mettaient leurs fuseaux, leurs canevas, leurs laines : mais ces paniers étaient simplement en osier.

Paon. — Il est originaire des Indes. Alexandre le rapporta, au retour de ses conquêtes, à Babylone.

Parasol. — Son invention remonte aux temps les plus reculés. Ce n'était point alors un objet destiné à abriter l'homme, mais une simple marque de dignité.

Paratonnerre. — On doit sa découverte au docteur Franklin, en l'an 1753. Ce ne fut qu'en 1782 qu'on vit s'élever des paratonnerres à Paris.

Paravent. — Ces châssis mobiles, couverts d'étoffe ou de papier, semblent empruntés aux Chinois.

Parquet. — Cette invention était inconnue encore au xve siècle.

Pendule. — La première pendule, due à Vincent Galilée, parut à Venise en 1649.

Persienne. — On donne ce nom à des châssis sur lesquels sont assemblées, à des distances égales, des tringles de bois en abat-jour, et qui garantissent une chambre du soleil. Leur usage vient de Perse.

Phare. — Le premier dont l'histoire fasse mention est celui du promontoire de Sigée; mais le plus célèbre fut élevé dans l'île de Pharos, d'où ce nom de *phare*, qui a depuis servi à désigner toutes les autres tours destinées au même usage.

Piano. — Cet instrument, qui n'est que le clavecin perfectionné, a été inventé à Freyberg, en Saxe, dans le xviiie siècle.

Pistolet. — Cette arme doit son nom à *Pistoie*, ville d'Italie où elle fut inventée.

Poches. — Les anciens n'ont jamais fait mention de poches. La ceinture leur en tenait lieu, de même qu'aux Orientaux modernes.

Poêles. — Les Romains en avaient de deux sortes. Les poêles ne sont pas très anciens en Allemagne et en France. Cette invention paraît avoir été apportée de la Chine, où l'on s'en servait depuis longtemps.

Pompe. — Les pompes étaient en usage chez les Grecs et chez les Romains; leur emploi fut perfectionné par un mathématicien d'Alexandrie, environ cent vingt ans avant Jésus-Christ.

Poudre. — Il est difficile d'assigner une époque précise à l'invention de la poudre : Roger Bacon, en 1220, et Albert le Grand, en 1280, avaient déjà fait connaître les propriétés du mélange du salpêtre, du soufre et du charbon. Les Indiens tiraient contre Alexandre des projectiles dans des armes à feu; les Chinois connaissaient la poudre quatre-vingts ans avant Jésus-Christ. Le salpêtre et la poudre sont venus de l'Orient aux Perses et aux Arabes.

Poupée. — Les enfants des Romains jouaient, comme les nôtres, à la poupée; les leurs étaient d'ivoire, de buis, de plâtre et de cire.

Pourpre. — Sa découverte est due au hasard. Le chien d'un berger brisa, sur le bord de la mer, un coquillage; le sang qui en sortit teignit sa gueule d'une couleur admirable, qu'on réussit ensuite à appliquer sur les étoffes. C'était la pourpre.

Pralines. — C'est le sommelier du maréchal du Plessis-Praslin qui, le premier, s'avisa de préparer les amandes de cette manière, d'où ce nom de *praline*.

Quais. — Le premier quai de Paris fut celui des Augustins, bâti sous Philippe le Bel, en 1312.

Ramonage végétal. — Ce système consiste à remplacer, au printemps, les cendres du foyer par de la terre dans laquelle on sème des plantes grimpantes, telles que *cobæa*, clématite, houblon. Ces plantes grimpent jusqu'au faîte; quand vient le mois d'octobre, on assemble les racines, on tire, et la cheminée est ramonée.

RAQUETTES. — Leur usage ne remonte pas au delà du XVe siècle; jusque-là on poussait la balle avec la paume de la main : d'où le nom de *jeu de paume.*

REDINGOTES. — Le nom, comme la chose, vient des Anglais. Cette sorte de vêtement fut apportée en France en 1725.

RUBAN. — Son origine remonte aux temps les plus anciens.

SANGSUES. — On a trouvé récemment le moyen de les conserver pendant un long transport, en mettant du charbon pulvérisé dans l'eau qui les contient.

SAVON. — On attribue son invention aux anciens Gaulois; d'autres prétendent qu'il fut trouvé à *Savone*, en Italie.

SEISMOMÈTRE. — Au moyen d'un instrument qu'il nomme ainsi, M. Coulier a mis la science à même de marquer l'intensité et la direction des tremblements de terre.

SELLE. — Son invention, constatée par l'histoire, date de l'an 340.

SERRURES. — Elles étaient connues dans les temps les plus reculés; jusque-là, pour fermer ses portes, on se contentait de les attacher avec des cordes; le nœud de cette corde faisait l'office de serrure.

SERVIETTES. — Les premiers linges qu'on ait confectionnés pour serviettes ont paru à Reims. Jusque-là on s'était essuyé les mains avec des serviettes de laine grossière; à table, c'est la nappe qui tenait lieu de serviette.

SIROP. — C'est une invention des Arabes.

SOUFFLETS. — Les Grecs, dès l'époque de leur civilisation, ont connu les soufflets tels que nous les employons. Homère parle de vingt soufflets que Vulcain faisait mouvoir en fabriquant le fameux bouclier d'Achille.

TABAC. — Originaire d'Amérique. C'est vers le milieu du XVIe siècle que l'Espagne et le Portugal reçurent le premier envoi de tabac. On donne ce nom aux feuilles desséchées de la plante, parce qu'elles furent primitivement tirées de l'île de *Tabago*. Nicot en adressa, à peu près à la même époque, une provision à Catherine de Médicis.

TAFFETAS. — Ce nom vient du bruit que l'étoffe fait quand les plis en sont frottés les uns contre les autres : *taffe, taffe.*

TÉLESCOPE. — Jacques Metius l'inventa en 1609. Le plus célèbre de tous les télescopes est celui de Herschell.

TIMBRE. — Son origine remonte aux Romains.

TISSAGE DU VERRE. — Invention ancienne, mais perfectionnée récemment. Olivi, de Venise, a poussé si loin l'art de tisser le verre, que ce fil s'assouplit au point de pouvoir être tordu à peu près comme tout autre fil; le verre prend aussi toutes les nuances, transparentes ou opaques.

TONNEAUX. — On en attribue l'invention aux Gaulois : les Grecs et les Romains conservaient leur vin dans des cruches de terre ou dans des outres de peau.

TRICOTS. — Ainsi appelés du village de ce nom, situé sur le chemin de Montdidier à Paris. C'est au commencement du XVIe siècle seulement que l'art de tricoter avec des broches a été inventé.

TUILES ET BRIQUES. — Les murs de Babylone étaient construits en briques; les Romains faisaient des tuiles d'une grande dimension; la Hollande et le Danemark fabriquaient fort anciennement les tuiles et les briques. C'est en 1246 que ces dernières ont commencé à être connues en Angleterre.

VANILLE. — Son usage, destiné particulièrement à parfumer le chocolat, a passé des Mexicains aux Espagnols, et des Espagnols aux autres peuples de l'Europe.

VELOURS. — On en faisait usage dès le XIIIe siècle. Cette étoffe était déjà si commune sous Henri III, qu'il fut défendu, aux états de Blois, en 1576, à tout domestique de porter des habits de velours.

VERMICELLE. — Les Italiens passent pour l'avoir inventé; on ignore à quelle époque.

VITRES. — Les anciens n'employaient pas le verre pour leurs fenêtres. Les riches y mettaient de l'agate, de l'albâtre; les pauvres restaient exposés aux incommodités du froid et du vent. L'Italie jouit la première de l'usage des vitres, et bientôt la France en profita.

INVENTIONS
ET DÉCOUVERTES

LES AÉROSTATS

Il y a longtemps que l'esprit humain s'occupe de rechercher les moyens de naviguer dans les airs. Les récits de Diodore de Sicile sur les merveilles du fabuleux mécanicien Dédale, témoignent des efforts que l'homme a tentés de temps immémorial pour réaliser ce beau rêve de son imagination; mais laissons l'antiquité pour arriver à une époque plus rapprochée de nous.

En 1670, un jésuite de Brescia, le père Lana, fit paraître un ouvrage où il indiquait le projet de construction d'un navire qui devait se soutenir et voyager dans l'air, à rames et à voiles; les principaux agents de cette machine étaient quatre sphères ou globes, dans lesquels le vide parfait devait être produit; le diamètre de ces globes en cuivre aurait été de six mètres soixante centimètres, et leur épaisseur d'un millimètre environ; mais ce projet, dont l'exécution fut reconnue impossible, n'eut aucune suite.

En 1775, le père Joseph Gallien, dominicain, publia à Avignon une brochure intitulée : *L'Art de naviguer dans les airs*. Le père Joseph faisait son vaisseau de grandeur gigantesque, plus long et plus large que la ville d'Avignon, capable de contenir une nombreuse armée avec tous ses ustensiles de guerre et ses provisions de bouche; il le supposait transporté dans les régions de la grêle, élevant ses bords au-dessus des couches inférieures et plus pesantes que l'air, sur lesquelles il naviguait.

Cette théorie renferme des idées remarquables sous la forme la plus extravagante : elle fut considérée alors comme un simple jeu d'esprit : car il fallait élever ce vaisseau de la superficie de la terre dans les hautes régions de l'atmosphère, et ne pas l'y transporter seulement par l'imagination.

Ce sont les frères Joseph et Étienne Montgolfier qui les premiers ont en réalité découvert les aérostats et ont exécuté cette découverte de la manière la plus simple. Joseph Montgolfier résolvait ainsi le problème à l'académie de Lyon, en 1783 : « Renfermer dans un vaisseau léger un fluide spécifiquement moins lourd que l'air atmosphérique, afin de tirer parti de la rupture d'équilibre entre ces deux fluides pour élever dans l'air des masses proportionnées au volume du vaisseau ascendant. »

Les expériences que firent les frères Montgolfier les conduisirent à préférer l'air chaud à l'emploi d'un autre gaz quelconque.

Enfin l'expérience qu'ils avaient annoncée fut tentée le 4 juin 1783, à Annonay, en présence d'une foule immense. C'est alors qu'on vit, en effet, un spectacle nouveau sur la terre, et bien digne d'exciter l'enthousiasme : un globe immense qui s'élevait majestueusement dans les airs, et qui semblait s'y soutenir par quelque puissance invisible.

Voici les usages divers des aérostats, indiqués dans un rapport de ces illustres inventeurs : « On pourrait construire de plus grands ballons, qui s'emploieraient soit à ravitailler une ville assiégée, soit à remettre à flot des vaisseaux engloutis, peut-être même à faire des transports, et à coup sûr à fournir en certains cas des observations de plusieurs genres, à connaître la position d'une armée, la route des vaisseaux qui voyagent, etc. »

Le 27 août 1783, eut lieu une expérience nouvelle au Champ-de-Mars, puis une troisième à Versailles, le 11 septembre suivant; et enfin, le 15 septembre de la même année, Pilâtre du Rosier effectua la première ascension aérostatique, dans laquelle il s'éleva, au milieu de Paris, à la hauteur de soixante-six mètres; il fut imité dans son audacieuse entreprise par plusieurs savants ou curieux, qui cependant n'apportèrent aucune modification à la machine des frères Montgolfier.

Un physicien célèbre, Charles, eut l'heureuse idée de remplacer l'air chaud par l'hydrogène, gaz environ quatorze fois plus léger que l'air; et, pour montrer la confiance que devait inspirer sa découverte, il entreprit avec Robert ce fameux voyage où il fut porté en quelques minutes à la hauteur de huit cent à mille mètres, et parcourut, dans cette région de l'atmosphère, plus de trente-six kilomètres en deux heures. C'est au milieu des Tuileries et de toute la population de Paris que s'effectua cette ascension aérostatique, qui excita l'admiration la plus enthousiaste.

Depuis lors de pareilles entreprises sont entrées dans le domaine public, et font partie des choses communes et ordinaires; il y a eu et il y a encore des aéronautes de profession. Il faut distinguer cependant l'ascension exécutée en 1804 par MM. Gay-Lussac et Biot, dans laquelle ces deux savants, parvenus à la hauteur de quatre mille mètres, firent des expériences importantes sur l'intensité magnétique de la terre, l'électricité de l'air et la température de ces hautes régions. Plus tard M. Gay-Lussac, seul, s'éleva à la hauteur de six mille neuf cent quatre-vingts mètres, la plus grande à laquelle l'homme soit jamais parvenu.

Parmi les ascensions les plus émouvantes, il faut citer celle du ballon *le Géant,* qui eut lieu à Paris le 18 octobre 1863. Les premières heures de l'ascension aérienne avaient été charmantes, et les voyageurs, enchantés d'être parvenus à cent cinquante lieues de leur point de départ, se disposaient à descendre, quand un vent furieux, qui régnait à la surface de la terre, les emporta dans son tourbillon. Cette colossale machine, qui ne mesure pas moins de six mille mètres cubes avec une hauteur de quarante mètres, fut traînée à travers la campagne, heurtant avec une violence inouïe les arbres, les maisons, faisant des bonds prodigieux, et renversant avec son ancre les obstacles qu'elle rencontrait. Pendant un quart d'heure, les malheureux aéronautes du *Géant,* emportés dans une course furieuse, virent cent fois la mort. « Nous chassions avec une vitesse de dix lieues à l'heure, a écrit une des victimes de cette tragique aventure. Trois gros arbres furent coupés par la nacelle comme par la hache d'un bûcheron; une petite ancre restait encore; on la jeta; elle s'agrafa au toit d'une maison dont elle enleva la charpente. Le ballon s'élevait à 25, 30, 40 mètres du sol avec des bruissements affreux, puis il retombait toujours avec les mêmes coups de tête. Tout ce qui se trouvait à la porté de la nacelle était coupé, broyé, détruit. » Enfin le ballon s'arrêta, brusquement retenu par un amas de gros arbres. Il avait parcouru 370 lieues en 16 heures, et après avoir traversé le nord de la France, la Belgique et la Hollande, il était allé échouer en Hanovre, sur les frontières de la Westphalie. Tous les voyageurs étaient blessés plus ou moins grièvement, mais aucun d'eux ne succomba.

Pendant le siège de Paris par les Prussiens, dans l'hiver de 1870-1871, les ballons rendirent de grands services en apportant à la province des nouvelles de la capitale. Un grand nombre d'ascensions furent faites dans le but unique de transporter des voyageurs ou des dépêches. La plupart de ces tentatives audacieuses furent couronnées de succès, et on ne cite guère qu'un ou deux ballons capturés par l'ennemi, et un autre qui alla sans doute se perdre dans la mer, dans des parages inconnus, et dont on n'eut jamais de nouvelles. Un aérostat alla tomber sur les côtes de Belle-Isle, à quelques pas de l'Océan; un autre, emporté par un tourbillon venant du nord, s'arrêta sur un des pitons des montagnes de la Provence, près de la Méditerranée; un troisième, enfin, renouvela presque la tragique histoire du *Géant*. Entraîné par un vent furieux, il traversa la Belgique, la Hollande et la mer du Nord, il atterrit enfin en Suède, dans un désert de neige, où les voyageurs furent recueillis par quelques pauvres bûcherons. La France a su un gré infini à ces courageux aéronautes d'avoir bravé tant de dangers pour lui apporter des nouvelles de la capitale assiégée; bien des inquiétudes ont été ainsi calmées, et bien des familles, réfugiées en province, ont pu recevoir par la malle aérienne des lettres de ceux qui leur étaient chers.

Nous allons maintenant donner quelques détails sur la construction des ballons.

Les ballons sont de grands sacs de forme sphérique, en taffetas habituellement verni au moyen d'huile siccative et d'essence de térébenthine. Ce vernis a pour but d'empêcher le gaz hydrogène de s'échapper à travers les mailles du tissu. Ces sacs sont pourvus, à leur partie inférieure, d'une ouverture destinée à l'introduction du gaz, et, à leur partie supérieure, de deux ou trois soupapes que l'aéronaute ouvre à volonté au moyen d'une corde. Les soupapes livrent issue au gaz qui, s'échappant dans l'air, rend l'appareil un peu moins léger : ce qui sert à modérer le mouvement ascensionnel et à déterminer la descente vers la terre.

L'hydrogène qui doit enfler le ballon est produit dans des tonneaux, au moyen d'un mélange de fer ou de zinc, d'acide sulfurique et d'eau; les tonneaux communiquent par des tubes en plomb à une cloche commune, et du sommet de la cloche par un tuyau de cuir qui dirige le gaz dans le ballon. Aujourd'hui, au lieu de fabriquer l'hydrogène pur pour cet objet, on se contente de l'hydrogène carboné, produit en grand pour l'éclairage.

L'aéronaute doit donc posséder des connaissances très précises, s'il ne veut pas courir de terribles chances. Plusieurs savants, MM. Charles, Biot, Gay-Lussac, ont opéré des ascensions aérostatiques l'esprit parfaitement en repos sur leur sûreté personnelle, tandis que des voyageurs ignorants ont été souvent victimes de leur imprudence. Or il serait à désirer, lorsqu'une ascension aérostatique est annoncée, que l'administration locale s'assurât par des hommes de science et d'art que toutes les conditions de sûreté pour l'aéronaute sont complètement remplies, afin de ne pas laisser s'accomplir une parade inutile et meurtrière.

On s'est imaginé, il y a quelques années, de construire les ballons en caoutchouc : c'est un tissu plus léger, plus solide. Enfin on cherche toujours plus que jamais, et probablement on cherchera longtemps encore le secret de diriger les aérostats à volonté dans les airs.

L'ARTILLERIE

DEPUIS LA DÉCOUVERTE DE LA POUDRE A CANON

On entend par *artillerie* les armes de jet qui servent à l'attaque, à la défense des places, et dans les combats.

Avant la découverte de la poudre, l'artillerie se composait de balistes, de catapultes, d'engins, etc. Les noms d'artillerie, de commandant d'artillerie, de maître d'artillerie, étaient donnés aux hommes employés au service de ces machines ou aux officiers qui les commandaient. En 1291, Guillaume Dourdan était maître de l'artillerie du Louvre; Guillaume de Montargis, maître de l'artillerie de Montargis : ce fut pourtant longtemps après qu'on vit des *bombardes* ou canons au Louvre et à Montargis. On a cru à tort, d'après les titres attribués à ces officiers dès l'an 1291, que l'artillerie était bien plus ancienne qu'elle ne l'est en réalité; de même que d'autres auteurs lui ont assigné une date beaucoup trop récente, en voyant les catapultes et les engins encore en usage durant tout le XVIe siècle.

Si le mot artillerie, qui doit venir du gaulois *artiller* (fortifier, garnir une place), ne fut point créé pour l'artillerie telle qu'elle existe aujourd'hui, de même cette artillerie nouvelle ne fit pas subitement abolir celle qui l'avait précédée : les peuples ne se défont pas en un jour de leurs anciennes habitudes, et une innovation qui devait plus tard changer la face de l'Europe et du monde, en changeant la manière de combattre, en rendant tous les hommes capables de devenir soldats, ne pouvait être exclusivement adoptée en l'espace d'un demi-siècle.

Sous François Ier, on se servait encore d'arbalètes; ce ne fut que sous Henri II qu'on vit ces vieilles armes presque entièrement disparaître : le haubert, le plastron, le cimier, le bouclier, les chanfreins, qui jadis défendaient à la fois le cheval et le cavalier, devinrent également inutiles; on les abandonna, ainsi que les massues, les hallebardes, les frondes et les maillets : plus rien ne pouvait préserver des coups de l'arquebuse ou du canon, que le canon et l'arquebuse. Alors on commença à perfectionner les armes à feu; le courage changea comme la manière de combattre : l'adresse et la force furent comptées pour rien sur le champ de bataille, et la chevalerie fut détruite. François Ier, que Bayard arma chevalier, fut un des derniers guerriers qui aient reçu cet honneur.

L'invention de l'artillerie remonte à l'invention de la poudre. L'époque de l'invention de la poudre est inconnue : on peut à peine fixer l'instant où l'on commença d'en faire usage.

Les Chinois sont le premier peuple de la terre auquel on attribue la connaissance de cette découverte. Différents missionnaires qui, dès le temps des croisades, avaient pénétré dans l'intérieur de la Chine, parlent de canons d'une grandeur prodigieuse. Il paraît aussi que Marco-Polo, Vénitien, qui suivit un des fils de Gengiskan lors de la conquête de la Chine, en apporta le secret dans sa patrie, d'où il se répandit dans presque toute l'Europe; mais on ignora longtemps l'usage fatal de ce mélange de salpêtre, de soufre et de charbon. Les chimistes l'employèrent d'abord dans leurs expériences; un moine allemand qui avait rempli un vase de cette composition fut le premier qui en connut les effets terribles; une étincelle de feu pénétra dans le vase, et le fit éclater; le moine, qu'on appelait Constantin Auclitzen, se mit à raisonner sur l'explosion dont il avait failli devenir victime. D'autres, et c'est l'opinion la plus répandue, prétendent que c'est un chimiste fameux, nommé Berthold Schwartz, religieux du même ordre qu'Auclitzen, qui inventa la poudre, vers l'an 1378 ou 1380; cependant Nauclerus assure que cette invention remonte à l'an 1213, sous l'empire d'Othon et le pontificat d'Innocent III. Et ce qui peut donner du poids à cette assertion, c'est que, précisément vers cette époque, un Anglais en faisait la description et parlait de ses effets comme si déjà de son temps on eût été familiarisé avec eux : c'est Roger Bacon, l'homme le plus savant et le plus extraordinaire de son siècle, qui, né en 1214, mourut en 1292, et précéda par conséquent de près de cent ans Berthold Schwartz et même Auclitzen. Ces derniers sont donc loin d'être les inventeurs de la poudre : on ne pourrait pas même leur en attribuer l'application; car, que ce soit plus ou moins avant 1378 qu'ils aient fait leur prétendue découverte, dès le commencement du XIVe siècle on trouve déjà des preuves historiques de l'existence de l'artillerie.

D'après ces preuves, l'opinion qui fixe l'essai du canon à l'attaque de Fossa-Claudia par les Vénitiens, en 1378, n'est donc pas fondée; celle qui le reporte en 1346, à la bataille de Crécy, ne l'est pas davantage; quand Morcri écrit que ce fut Thomas de Montagu, comte de Salisbury, qui s'en servit le premier au siège du Mans, en 1432, c'est une assertion déjà vingt fois démentie. L'usage du canon est antérieur à toutes ces dates; ce ne sont ni les Vénitiens, ni les Anglais, ni les Allemands qui s'en servirent les premiers; les Français pourraient plutôt réclamer cette priorité. Casimir Sennovitz l'accorde aux Danois; un passage de Pierre Mexia semblerait prouver qu'elle appartient aux Espagnols et aux Maures. C'est de Tunis qu'ils tiendraient cet usage; Tunis aurait pu le prendre indirectement ou directement de la Chine, et les Juifs chassés de l'Espagne l'auraient plus tard répandu en Macédoine, en Grèce et dans les autres pays turcs. On peut seulement induire de ces faits divers que l'Europe entière en fit vers le même temps le fatal essai.

On a trouvé récemment au fond d'un puits de l'ancien château de Coucy (département de l'Aisne) le fragment d'une coulevrine où était tracé le millésime de 1258. Avant cette découverte, le plus ancien monument de l'artillerie était un canon fondu en 1301; mais la preuve la plus certaine de l'existence de l'artillerie au XIVe siècle est écrite dans un registre de la chambre des comptes de 1338. Barthélemy de Drach, trésorier des guerres, y avait l'état de l'argent *reçu par Henri de Fumechon, pour avoir poudre et autres choses nécessaires aux canons qui étoient devant Pierre-Guillaume,* château d'Auvergne. Deux ans plus tard (1340), lorsque les Anglais levèrent le siège d'Eu, on lit dans les *Annales* de cette ville qu'il y avait pour défendre la place deux grosses boîtes de fer que l'on chargeait avec des cailloux ronds. Comme on ignorait encore l'art d'en régler les effets, on remarque qu'il est étonnant que ces pièces n'aient point été brisées par l'explosion de la poudre. La même année, dans une course que les Français firent jusque sous les murs du Quesnoy, « ceux de la ville, dit Froissard, décliquèrent « canons et bombardes qui jetèrent carreaux ». Les carreaux étaient anciennement des flèches carrées; d'Aubigné donne le nom de carreaux, du temps de Henri IV, à des balles de pistolet, probablement parce que ces balles étaient carrées.

Pierre Mexia nous apprend que les Maures, assiégés en 1343

par Alphonse IX, tirèrent contre les Castillans avec certains mortiers de fer qui faisaient un bruit semblable au tonnerre. Un passage de don Pèdre, évêque de Léon (dans sa chronique d'Alphonse), porte ce qui suit : « Dans un combat naval entre un roi de Tunis « et les Maures de Séville, ceux de Tunis avaient certains ton- « neaux de fer dont ils lançaient des foudres. » Quelques auteurs avaient pensé que c'était sur la mer Baltique, en 1350, qu'on avait employé pour la première fois l'artillerie. Ce passage des auteurs espagnols, en même temps qu'il recule cette date, prouve aussi combien la poudre était déjà répandue, puisque en Afrique comme en Europe on en connaissait l'usage. C'est donc en 1343 ou en 1350 qu'il faut définitivement fixer la date de l'emploi de l'artillerie sur mer.

Dans le cours du XIXe siècle, l'artillerie a fait des progrès considérables. On a recherché, au moyen de nombreuses expériences, quel est l'alliage ou le métal le plus résistant, condition indispensable pour pouvoir employer des charges plus fortes de poudre. Ces charges plus fortes présentent un double avantage : elles donnent au projectile une force initiale plus considérable, et lui communiquent la puissance nécessaire pour percer les énormes plaques de fer dont sont blindés les navires; en même temps elles augmentent la portée du tir. Ainsi la portée d'un boulet animé d'une vitesse initiale de 450 mètres par seconde, est presque double de celle du même boulet lancé avec une vitesse de 300 mètres par seconde, et l'exactitude du tir est conservée dans le même rapport. On a aussi imaginé de charger les canons par la culasse, et l'on a introduit diverses améliorations dans la confection des pièces et des projectiles. Les bouches à feu ont été rayées, et le projectile a été enveloppé d'une couche de plomb qui se force dans les rayures, procédé qui régularise le tir, en donnant un mouvement rotatoire au projectile. Grâce à tous ces perfectionnements, les canons ont aujourd'hui une portée énorme, qui atteint jusqu'à dix kilomètres. Cette portée a changé entièrement les conditions de la guerre moderne; les grandes masses de troupes, décimées par un feu terrible, ne peuvent plus s'aborder comme autrefois, et l'on peut dire qu'avec les armes nouvelles les batailles ne seront plus guère que des combats d'artillerie. La France en a fait la cruelle épreuve dans la guerre de 1870-1871.

LES BATEAUX A VAPEUR

Le mouvement des navires sur la surface de l'eau dépendit, dans l'enfance de la navigation, soit de l'action de l'homme sur les avirons, soit de celle du vent sur les voiles. L'une a précédé l'autre. Avec la rame, toute direction était permise, et l'on pouvait affronter le vent, la mer et le courant. Ce fut avec un certain succès qu'on se servit d'avirons sur les galères des anciens et même sur celles des modernes dans la Méditerranée; mais les rameurs étaient placés en si grand nombre sur les navires d'une certaine grandeur, qu'ils en constituaient la charge principale; aussi ces navires étaient-ils peu aptes au transport des marchandises. De plus, la manœuvre et l'encombrement même des rames les rendaient peu propres à la guerre.

La navigation, en s'étendant sur toutes les mers, changea totalement la forme des navires. On fut obligé de les construire pour les parages qu'ils devaient parcourir; et l'art de la construction faisant tous les jours de nouveaux progrès, on atteignit des proportions si colossales, que la rame dut être abandonnée pour n'avoir recours qu'à la seule puissance du vent, en dépit de son inconstance, de ses fureurs ou de son sommeil, souvent aussi funeste que la plus furieuse tourmente. Le désir d'abréger la longueur du voyage en bravant les calmes et les vents contraires enfanta la navigation par la vapeur, sorte de main puissante qui remplaça l'aviron des anciens, et ramena ainsi notre marine du XIXe siècle au principe de sa naissance.

L'application de la vapeur comme force motrice des bateaux est un fait récent. Déjà, cependant, des milliers de navires ont apparu sur les mers, les lacs et les rivières : partout on aperçoit ces salamandres flottantes couvrir et fendre les ondes. Là elles transportent des marchandises, ici des voyageurs, et, d'autres parts, elles viennent au secours des vaisseaux dont les voiles sont impuissantes; ailleurs, elles protègent nos côtes ou portent nos dépêches; partout enfin l'œil étonné voit apparaître la longue traînée de fumée des bateaux à vapeur.

Si nous nous en rapportons à quelques auteurs anglais, il serait probable que ce fut Archimède qui, le premier, fit usage de la vapeur en défendant Syracuse contre les Romains, 220 ans avant l'ère chrétienne. Quelle que soit la vérité de ce fait, qui nous semble un peu problématique, il nous est attesté que, 120 ans avant notre ère, Héron d'Alexandrie imagina le premier appareil dans lequel la vapeur est employée comme force motrice; mais il faut ajouter que ce n'était qu'un appareil de physique amusante, sans aucune prétention mécanique.

De l'antiquité il faut redescendre jusqu'en 1563 pour rencontrer un certain Walhisius, inventeur d'un éolipyle agissant par la vapeur.

En 1615, Salomon de Caus publie un ouvrage dans lequel on trouve la description d'une véritable machine à vapeur, propre à opérer des épuisements. Ce fut le premier qui imagina d'employer comme moteur la force de la vapeur de l'eau.

En 1638, Branca construit une machine, représentant la tête d'un nègre, tenant à la bouche une pipe, qui conduit successivement la vapeur aux ailes d'un moulin qu'elle fait marcher.

En 1663, le marquis de Worcester reconnaît le principe de la force expansive de la vapeur, et remet en lumière les premières idées de Salomon de Caus.

En 1683, sir Samuel Moreland s'efforce d'obtenir un brevet d'invention pour une machine à vapeur. On ne possède cependant de lui que le récit d'expériences faites sur l'expansibilité de la vapeur.

En 1685, Denis Papin conçoit la possibilité de construire une machine à vapeur aqueuse et à piston; puis, le premier, il combine dans une même machine à feu et à piston la force élastique de la vapeur d'eau avec la propriété dont jouit cette vapeur de se précipiter par le froid. Le premier encore, il propose de se servir de la vapeur pour faire tourner une roue. Il imagine la première machine à vapeur à haute pression et sans condensation. Enfin Papin devient le véritable inventeur des bateaux à vapeur.

En 1698, le capitaine Thomas Savery exécute une grande machine d'épuisement à feu.

En 1705, Thomas Newcomen et Cawlay se joignent au capitaine Savery pour produire la première machine qui ait rendu de véritables services à l'industrie. Les premiers ils appliquent sous le piston la condensation de la vapeur.

En 1735, Jonathan Hulls, de Londres, prend un brevet d'invention pour faire marcher les bateaux à vapeur.

En 1769, James Watt apporte les améliorations les plus importantes à la machine à vapeur. Il est l'inventeur du condensateur isolé. Le premier il signale le parti qu'on pourrait tirer de la détente de la vapeur aqueuse; il imagine le parallélogramme articulé; enfin Watt invente la première machine à double effet et à un seul corps de pompe.

En 1775, la Seine voit apparaître le premier bateau à vapeur, construit par les soins de l'académicien Périer. Faute de force suffisante, il ne peut remonter la rivière.

En 1781, le marquis de Jouffroy fait des essais nombreux sur la Saône. En Angleterre, Mitter, Stanhope et Symington font des tentatives analogues en 1791, 1795 et 1801; et, aux États-Unis, Fulton fit des essais pareils en 1786.

A partir de cette époque, l'éveil était donné, et on commençait à pressentir l'immense résultat que l'on pouvait obtenir de ce moyen locomotif, que les calmes et les courants ne devaient plus arrêter, et que les vents ne devaient plus combattre. Tous les esprits travaillèrent à l'envi les uns des autres. Les perfectionnements, les créations de détail se multiplièrent à l'infini, et le problème de la navigation par la vapeur fut résolu. Robertson parut, et New-York et Albany virent, en 1807, le premier navire franchir la distance qui les sépare.

C'est de 1812 seulement que date, en Angleterre, le bateau à vapeur qui, sur la Clyde, faisait le service des marchandises et des voyageurs.

Ainsi les trois plus grandes puissances maritimes du monde, la France, l'Angleterre et les États-Unis ont leurs trois représentants dans l'immense découverte de l'application de la vapeur à la navigation : Papin, Watt et Fulton forment une glorieuse trinité industrielle, à laquelle nous devons ces prodiges que fait inventer la vapeur.

Plusieurs moyens ont été mis en usage pour appliquer à la progression des bateaux les machines à vapeur.

Le premier système employé fut le système *palmipède*, qui consiste à faire usage de rames s'ouvrant et se fermant à volonté; on passa ensuite aux *roues à aubes* ou *à palettes*, disposées de chaque côté du navire sous des tambours protecteurs; aujourd'hui on emploie presque exclusivement l'*hélice* ou *vis d'Archimède* comme moyen de propulsion.

L'hélice n'est autre chose que la vis ordinaire, réduite à une seule révolution, et la théorie de son action est la même que celle de cet instrument. Imaginons, pour en faire comprendre le mécanisme, que l'on dispose horizontalement à l'avant d'un bateau, et dans le sens de sa longueur, une vis pouvant tourner librement sur son axe; si l'on engage l'extrémité de cette vis dans un écrou fixe, quand on viendra à imprimer à la vis un mouvement de rotation, il est clair qu'elle se vissera dans l'écrou en entraînant le bateau auquel elle est attachée. L'hélice de nos bateaux fonctionne de la même manière, seulement l'écrou fixe est remplacé par l'eau. Quand on fait tourner une hélice au milieu de l'eau avec une grande rapidité, l'eau environnante se trouve mise en mouvement avec la même vitesse, et par suite de la réaction qu'elle exerce sur les faces inclinées de l'hélice, elle imprime au bateau un mouvement de progression qui est d'autant plus rapide que l'hélice tourne plus vite.

Les hélices sont habituellement de fer; cependant le cuivre convient mieux, parce que ce métal résiste mieux à l'action corrosive de l'eau de mer. L'hélice est toujours placée bien au-dessous de la ligne de flottaison du navire, afin que dans aucune circonstance l'agent propulseur ne puisse se trouver hors du liquide sur lequel il doit agir. On l'installe à l'arrière, dans un espace libre ménagé sous la quille, à une petite distance en avant du gouvernail. Tenue entre deux tourillons fixes, elle tourne dans cet espace, en recevant son mouvement de l'arbre de la machine à vapeur. Sa vitesse de rotation est très considérable : elle est habituellement de 240 tours par minute.

L'emploi de l'hélice dans la navigation à vapeur présente de nombreux avantages, dont le principal est que l'agent propulseur du navire est à l'abri de l'atteinte des boulets et des divers projectiles, et de tous les autres accidents qui pourraient l'endommager et en entraver la marche.

LA BETTERAVE

Au commencement du xixe siècle, Margraf découvrit que la *betterave* pouvait fournir un sucre comparable au sucre de canne. On tenta des essais qui restèrent infructueux, parce que les moyens de fabrication n'étaient pas trouvés. Plus tard, le blocus continental donna l'envie de recommencer les expériences. Un décret impérial du 14 janvier 1812 fonda cinq écoles de chimie pour l'enseignement de la fabrication du nouveau sucre; cent mille arpents furent affectés à la culture de la betterave, et une fabrique fut établie à Rambouillet, aux frais de la couronne. On se rappelle les diverses tentatives qui produisirent, sous l'empire, des échantillons de sucre de betterave semblable à de gros sel blanc, qu'on ne pouvait façonner en pain, et qu'on se passait de main en main comme une curiosité qui excitait les plaisanteries d'un grand nombre d'incrédules. On se souvient, entre autres, de cette caricature qui fit fortune en 1811, et où l'empereur était représenté trempant une betterave dans son café, et en jetant une autre au roi de Rome, en lui disant : *Va te faire sucre.*

Mais les plaisanteries n'empêchent pas l'industrie de marcher; on continua les recherches. L'Allemagne, vers le même temps, avait déjà formé plusieurs fabriques de sucre de betterave, que les événements de 1812 et 1813 lui firent abandonner. En France, c'est en 1827 seulement qu'on recommença à s'occuper d'une manière sérieuse de cette importante fabrication, qui prit un accroissement remarquable vers 1829 et 1830. En 1836, le territoire produisait déjà un tiers du sucre nécessaire à sa consommation, et depuis lors, malgré les impôts toujours croissants, malgré la cessation d'un certain nombre de fabriques établies dans de mauvaises conditions, la production a considérablement augmenté.

Dans diverses contrées de l'Europe, en Silésie et en Bohême surtout, cette industrie a pris aussi de l'accroissement; mais la France est, sous ce rapport, plus avancée qu'elles.

La culture de la betterave offre des avantages réels comparativement à beaucoup d'autres productions territoriales. Cette plante n'a presque pas de chances contre elle; le climat de France lui convient parfaitement, surtout dans les provinces du Nord, attendu que la chaleur lui est peu nécessaire; elle n'aurait à redouter qu'une continuité de sécheresse, fort rare dans les départements où on la cultive; par conséquent son rapport est à peu près certain. Ajoutons que cette culture, outre son but spécial pour les sucreries, est d'une grande ressource pour la nourriture des bestiaux.

Des centaines de millions de francs sont engagés dans cette industrie, qui occupe une multitude d'ouvriers.

Les procédés de fabrication ne sauraient être décrits d'une manière détaillée; ils varient dans certaines localités, principalement pour l'expression du jus, qu'on retire soit de la betterave fraîche, soit de la betterave conservée de diverses façons; mais la cuisson, la solidification, le raffinage sont les mêmes que pour le sucre de canne.

On ne comptait en 1828 qu'environ 3,200 hectares consacrés en France à la culture de la betterave; en 1835, il y en avait de 16 à

17,000. Aujourd'hui, en calculant sur la production connue, il doit y en avoir plusieurs centaines de mille.

LA BOUSSOLE

La boussole, cet instrument indispensable à la navigation de long cours, est une invention que nous devons au moyen âge. L'aiguille aimantée, par sa propriété de se tourner toujours vers les pôles, guide les navires d'un hémisphère à l'autre, indiquant aux marins une route certaine à travers toutes les mers. C'est à elle qu'on est redevable des immenses progrès de l'art nautique dans les temps modernes.

Quelque grossière alors qu'on la pût même supposer, la boussole fut certainement inconnue des peuples anciens. Aucun monument de l'antiquité ne donne à entendre qu'elle fût connue des pilotes phéniciens, grecs, romains ou carthaginois. Tout prouve, au contraire, qu'en l'absence de ce précieux guide les navires étaient obligés de suivre les rivages, et que cette navigation toujours en vue des côtes rendait les voyages longs et pénibles.

Longtemps avant d'en faire usage dans la marine, on aura trouvé qu'une aiguille aimantée suspendue, pivotant et nageant sur l'eau au moyen d'un liège, tourne sa pointe vers le nord; le premier emploi de cette découverte aura donc été d'en imposer aux incrédules par des apparences de magie; mais c'est au hasard sans doute qu'on a dû de connaître la propriété attractive de l'aimant; il est probable qu'il s'est écoulé de longues années, des siècles peut-être, entre cette découverte primitive et l'invention de la boussole.

Au XIIe siècle, ce que les marins des côtes de la Manche et de l'Océan appelaient *marinette*, que les mariniers de la Méditerranée nommaient *calamite*, parce que sa forme figurait bien une grenouille verte, n'était, à cette époque grossière, qu'un instrument informe, une aiguille d'aimant adaptée à un morceau de liège ou à tout autre corps léger qui la faisait flotter sur un vase d'eau. Les marins ne s'en servaient que pour se conduire par les nuits obscures et les temps nébuleux.

Plusieurs nations, les Napolitains, les Français, les Portugais, les Anglais, revendiquent l'honneur de l'invention de la boussole;

chaque peuple est libre d'élever la même prétention, sans qu'aucun puisse légitimer ses droits par des documents authentiques, l'auteur de cette première découverte étant absolument inconnu. Des voyageurs enthousiastes de la Chine ont essayé d'en attribuer le mérite aux Chinois, parce que la boussole leur était connue dès le XIIIe siècle; mais il est probable que cette découverte leur avait été transmise d'Europe.

A part toute vanité nationale, les Français auraient été les premiers à s'aider de l'aimant dans la navigation. Il est des auteurs qui pensent que nos marins l'employaient dès le XIe siècle, qu'ils s'en servirent pour la flotte de la première croisade, en 1096. Rien n'est moins certain; ce qui l'est bien davantage, c'est que nos marins bretons connaissaient la boussole avant le XIIIe siècle, et que son usage était commun en France sous saint Louis.

La boussole, comme toutes les autres inventions, comme les horloges, comme la poudre à canon, resta longtemps dans l'enfance. Ce ne fut qu'au commencement du XIVe siècle que le Napolitain Flavio Gioja, citoyen d'Amalfi, eut le génie d'apporter à cet instrument des améliorations qui en centuplèrent l'utilité, et qui l'ont fait regarder par la postérité comme le vrai créateur du compas de mer.

Gioja disposa horizontalement sur un pivot une aiguille de fer aimantée, lui laissant la mobilité la plus entière, de manière que, se mouvant en liberté, elle pût obéir sans obstacle à la tendance qui ramène l'aimant vers le pôle. Il adapta au pivot de l'aiguille une rose de compas, à laquelle il donna seize aires de vent, et où le septentrion fut indiqué par une fleur de lis, emblème de la maison d'Anjou, alors régnante à Naples.

On ne saurait préciser l'époque de cette véritable création de la boussole par Gioja; on la place communément en l'année 1302. N'est-il pas étrange que l'inventeur d'un instrument immortel ait été en quelque sorte privé, par l'indifférence de ses contemporains, de la gloire que lui avait acquise son heureux génie? On ignore les circonstances qui le conduisirent à cette importante découverte; on n'a aucun détail sur sa personne; on ne sait quelle était sa profession; il partage le sort de tant d'autres hommes supérieurs qui ont été les bienfaiteurs du genre humain en perfectionnant les sciences, en créant les arts, et dont l'histoire est ensevelie dans la poussière des temps.

D'ailleurs il s'écoula bien des années avant que les marins tirassent un profit réel du précieux travail de Gioja : tant l'esprit humain tient aux errements de son enfance, aux usages de ses pères! Enfin, vers le milieu du XVe siècle, les Portugais, par d'ingénieuses améliorations, perfectionnèrent l'usage de la boussole. Ils trouvèrent pour la suspendre la méthode qu'on suit encore aujourd'hui; ils divisèrent la rose du compas en trente-deux parties ou *rumbs* de vent, formant ensemble les 360 degrés du cercle de l'horizon.

La boussole, ainsi portée à sa perfection, fit renaître le monde des anciens, ouvrit l'univers à la navigation. Alors les pilotes s'aventurèrent sur l'immensité des flots; les navires parcoururent tous les océans connus et inconnus. C'est à la boussole qu'on doit les découvertes immenses des Christophe Colomb, des Vasco de Gama, de tous nos plus célèbres navigateurs.

LE CAFÉ

Le café, d'abord objet de luxe sur les tables des grands et des princes, a fini par devenir une nécessité, puisqu'il s'en consomme aujourd'hui en Europe plus de 25 millions de kilos. C'est dans la haute Éthiopie qu'on place plus volontiers son berceau. Les Persans l'ont connu ensuite; ils racontent que Mahomet étant malade, l'ange Gabriel inventa cette boisson pour lui rendre la santé.

Les Arabes ont aussi leur fable. Un pauvre derviche, disent-ils, ne possédait qu'une cabane et quelques chèvres. Un jour qu'elles revenaient du pâturage, il remarqua leur extrême agitation, et observa qu'elles broutaient les petites branches et les fruits d'un arbrisseau qu'il n'avait pas encore aperçu. Il en essaya l'effet sur lui-même, et éprouva une gaieté surnaturelle.

Quoi qu'il en soit de son origine, il est certain qu'au milieu du IXe siècle de l'hégire, XVe de l'ère chrétienne, les Arabes commencèrent à cultiver le café. Un mufti d'Aden y introduisit cette boisson; l'usage en devint si commun, que les faquirs en prenaient même dans la mosquée.

D'Aden le café s'étendit à la Mecque, à Médine, au Caire, à Damas. Il eut sans doute bien des persécutions à souffrir; mais il en triompha si bien, que nous le trouvons, en 1564, sous Soliman II, servi en Grèce et surtout à Constantinople. Aujourd'hui en Turquie, en Égypte, le café tient lieu de vin.

Voyons maintenant le café chez les chrétiens. En 1644, un marchand nommé Edward l'introduisit à Londres, et en 1675, sous Charles II, on ferma, comme foyers de troubles, jusqu'à trois mille salles où se prenait cette boisson.

Ce ne fut que dix ans après les Anglais que l'on commença à en boire en France, grâce au Vénitien Pietro della Valle, qui vint à Marseille en 1654. A Paris on ne le connaissait pas encore; seulement sous Louis XIII il se vendait au Petit-Châtelet de la décoction de café nommée *cahové*. Soliman-Aga, ambassadeur de la Porte près Louis XIV, en 1699, introduisit véritablement le café à Paris. Quelques années après, Pascal, Arménien, s'établit à la foire Saint-Germain; puis un Sicilien, Procope, vint ouvrir un établissement semblable en face de la Comédie-Française.

Jusqu'alors le café était apporté d'Orient. Nicolas Witsen, d'Amsterdam, fut le premier qui, en 1690, transporta l'arbre de Moka à Batavia. Cet essai eut les plus heureux résultats. Nos colonies doivent ce fruit à M. Declieux, enseigne de vaisseau. Par un dévouement admirable, dans tout le cours d'une traversée longue et périlleuse, il avait partagé ses rations d'eau avec son arbrisseau. Ce premier pied fut une des sources de fortune de la Martinique, de la Guadeloupe, puis de Cayenne, de Bourbon et de la Jamaïque.

Le café, petit arbre ou arbrisseau toujours vert, n'a pas moins de vingt-trois espèces. En Arabie, il s'élève jusqu'à la hauteur de 13 mètres. Le tronc de cet arbrisseau jette d'espace en espace, dans sa partie supérieure, des branches un peu horizontales toujours opposées deux à deux. Ces branches sont garnies, dans toutes les saisons, de feuilles entières; de l'aisselle de la plupart d'entre elles sortent de petits groupes de fleurs charmantes au nombre de quatre ou cinq, soutenues chacune par un court pédoncule. La base qui remplace la fleur est un fruit vert clair, tenant par une petite queue au nœud de la branche. Ces fruits sont quelquefois très serrés les uns contre les autres. Ils blanchissent, puis jaunissent, deviennent rougeâtres, puis d'un beau rouge, enfin d'un rouge obscur dans leur parfaite maturité. On appelle *café en coque* le fruit entier et desséché; *café mondé*, celui qui est dépouillé de sa coque et de sa peau. Tous les climats chauds sont favorables au cafier, pourvu que ses racines pénètrent facilement le sol. On le plante de deux manières, *à demeure* et *en pépinière* : à demeure, dans les quartiers pluvieux et exposés aux ouragans; en pépinière, dans les endroits où il pleut rarement.

A la Guadeloupe, le carré de terre planté en café contient communément 2,500 pieds, et rapporte 25 quintaux de grains : une livre par pied, produit moyen. Le carré des colonies équivaut à près de deux hectares. Les cafiers rendent quelquefois jusqu'à 2 kilogrammes de fruits, quand le terrain est fertile. Les vieux arbres donnent un fruit plus mûr et plus parfumé.

En Arabie, la récolte se fait à trois époques; la plus considérable, au mois de mai. On étend des pièces de toile sous les cafiers qu'on secoue; tous les grains mûrs se détachent et tombent. On les met dans des sacs, puis on les fait sécher sur des nattes. Alors on brise la coque sous des cylindres de bois ou de pierre. Une fois les grains dépouillés de leur enveloppe et séparés en deux fèves, on les expose au soleil.

Le moka l'emportera toujours sur les espèces d'Amérique. L'Arabe, plein de sollicitude pour son arbrisseau précieux, ne songe qu'à le faire prospérer; tandis que le colon, pressé de s'enrichir, recueille trop tôt son café, l'enfutaille à demi sec pour qu'il pèse davantage; les capitaines de vaisseau ne prennent d'ailleurs aucun soin d'écarter du café les objets du chargement capables de lui donner une odeur étrangère; cette négligence est fatale.

Les diverses préparations du café, avant d'être pris en boisson, exigent de grands soins. La première, la torréfaction, est bien essentielle : il faut éviter de brûler le café, ce qui lui donne un goût amer et porte l'irritation au cerveau. La seconde, l'infusion, se pratique généralement assez mal. Au lieu de jeter l'eau bouillante à 80 degrés, il faut n'employer que l'eau chauffée à 58 ou 60, et la verser à deux reprises différentes. Infusé à l'eau simplement chaude, le café est limpide, brillant, exquis; c'est bien alors cette fève délicieuse que recherchent également tous les peuples.

Le café au lait fut pour la première fois mis en usage par Nienhoff, ambassadeur hollandais en Chine.

LES CARTES A JOUER

Selon Polydore Virgile, les Lydiens inventèrent les cartes pendant une extrême disette, que ce jeu leur fit presque oublier. Il est possible que les Lydiens aient connu un jeu qui se jouait avec des tableaux figurés à l'instar du *jeu de l'oie* des Athéniens; mais assurément ce n'étaient pas les cartes.

Cependant les cartes vinrent de l'Orient avec les échecs; cette origine semble incontestable, il existe entre eux certains rapports qu'on ne saurait attribuer au hasard. On a même des raisons de croire que primitivement les cartes offraient une représentation exacte des échecs; pour laisser quelque chose à décider au sort, et pour mieux égaliser les chances, les *fous*, les *chevaliers* et les *tours* se trouvaient sans doute dans les premières cartes; peut-être même jouait-on à quatre, chaque adversaire ayant sa couleur, et, pour ainsi dire, son armée à faire manœuvrer.

Ces analogies sont presque prouvées par l'inspection des vieux *tarots* du xve siècle, dans lesquels il y a le *fou* et la *tour*, dite *maison de Dieu*. Quant au sens allégorique, il est à peu près identique dans les deux jeux, qui sont une image de la guerre; il y a encore, dans les tarots, une carte qui devait, par son apparition, produire le résultat de l'*échec et mat*: c'est la *mort*, montée sur le cheval pâle de l'*Apocalypse*.

Originairement, les cartes n'étaient pas plus nombreuses que les pièces de l'échiquier, divisées en deux bandes, l'une rouge, l'autre noire; une augmentation de cartes exigea bientôt de nouvelles combinaisons, et les deux jeux ne furent plus soumis à des règles analogues.

Quoi qu'il en soit, les cartes étaient en usage bien avant l'année 1362, à laquelle on a prétendu fixer leur invention. Le synode de Worchester, en 1240, défend aux clercs les jeux déshonnêtes, et entre autres celui *du roi* et *de la reine*; en 1299, il est parlé des cartes, appelées *naibi*; des statuts de 1337 proscrivent les cartes sous le nom de *paginæ*; enfin un édit du roi de Castille de 1387 les met au nombre des jeux prohibés.

On a longuement disserté pour savoir si les cartes sont françaises, allemandes, espagnoles ou italiennes; il paraît toujours certain qu'elles ne sont pas françaises, du moins les cartes de *tarot*. Un vieux livre, le *Jeu d'Or*, imprimé à Augsbourg en 1471, assure, dit-on, qu'elles prirent naissance en Allemagne vers l'an 1300; M. Rivet veut que ce soit en Espagne, par l'imaginative de Nicolas Pépin, en 1330; M. de Longuerue, au contraire, veut que ce soit en Italie, à une époque antérieure.

Toujours est-il que les couleurs des cartes diffèrent dans ces pays : nous avons *pique*, *trèfle*, *carreau* et *cœur*; les Espagnols ont *épée*, *bâton*, *denier* et *coupe*; les Allemands, *vert*, *gland*, *grelot* et *rouge*; mais ces couleurs doivent être contemporaines du jeu de piquet, qui fut trouvé sous Charles VII, en même temps que les cartes avec lesquelles on joue encore aujourd'hui.

Jusque-là les tarots seuls étaient connus dans toute l'Europe; ces tarots, qui ne furent jamais reçus en France, malgré la faveur marquée de plusieurs grands personnages du XVIIe siècle, ont perdu leur bizarre physionomie, en gardant leur nom ; en Sibérie, les paysans jouent le *trappola* avec des cartes semblables à celles de Charles VII : en effet, les dix-sept cartes que l'on conserve au cabinet des estampes de Paris, et qu'on attribue à Gringonneur, faisaient partie d'un jeu qui était certainement une imitation de la célèbre *danse macabre*. Ces cartes, peintes et dorées, représentent le *pape*, l'*empereur*, l'*ermite*, le *fou*, le *pendu*, l'*écuyer*, le *triomphateur*, les *amoureux*, la *lune* et les *astrologues*, le *soleil* et la *parque*, la *justice*, la *fortune*, la *tempérance*, la *force*, puis la *mort*, puis le *jugement des âmes*, puis la *maison de Dieu*.

Le nom de *tarots* dérive de la province lombarde *Tarot*, où ce jeu fut d'abord inventé, à moins qu'on ne préfère le tirer d'une allusion à la fabrication même de ces cartes, enluminées sur un fond d'or piqué à compartiments.

C'est au règne de Charles VII qu'il faut rapporter l'invention des cartes françaises et du jeu de piquet. Les cartes cessèrent alors d'être une redite de cette danse macabre, qui revenait sans cesse attrister les regards : cette danse burlesque et terrible, dessinée sur les marges des missels, ciselée sur les manches des poignards, peinte dans les églises, dans les palais, dans les cimetières, rimée chez les poètes et mise en musique par les ménétriers. Toutefois la mort ne disparut pas entièrement du jeu de cartes, qui redevint ce qu'il était d'abord, le jeu de la guerre. Charles VI, par une ordonnance de 1391, avait prohibé, sous peine de dix sous d'amende, tous les jeux qui empêchaient ses sujets de se livrer à l'exercice des armes pour la défense du royaume. Ce fut pour éluder cette ordonnance que le brave Lahire, ou plutôt un servant d'armes qui s'est personnifié dans l'image du valet de trèfle sans se nommer, réforma ce jeu de tarots de manière à le mettre au rang des exercices militaires. Le *trèfle* figurant la garde d'une épée, le *carreau* le fer carré d'une grosse flèche, le *pique* la lance d'une pertuisane, le *cœur* la pointe d'un trait d'arbalète, étaient les armes des compagnies armées ; les *as*, nom d'une monnaie ancienne, signifiaient l'argent pour la paye des troupes ; les quatre rois représentaient les quatre grandes monarchies, juive, grecque, romaine et française ; car Charles VI, comme successeur de Charlemagne, pouvait prétendre à l'empire d'Occident ; David, Alexandre et César portaient aussi le manteau d'hermine et le sceptre fleurdelisé ; les quatre dames remplaçaient les quatre *vertus* des tarots : *Judith* au lieu de la *force*, *Pallas* au lieu de la *justice*, *Rachel* au lieu de la *fortune*, et *Argine* au lieu de la *tempérance;* cette *Argine*, anagramme de *regina*, doit être Marie d'Anjou, femme de Charles VII, recommandable par sa piété et sa douceur; les quatre valets ou *varlets* représentaient la noblesse de France, depuis son époque héroïque jusqu'à la chevalerie : *Hector de Troie*, père de ce fabuleux Francus, qui passait pour le premier roi franc; *Ogier* le Danois, l'un des pairs de Charlemagne; *Lahire*, le plus brave capitaine de Charles VII, et le valet de trèfle, qui s'est mis en si vaillante compagnie en sa qualité d'inventeur ou de réformateur du jeu de cartes.

Il y a lieu de croire que ce jeu tout français fut d'abord imité par les Allemands, qui se l'approprièrent avec de légères modifications : les noms des figures furent supprimés, et les quatre valets ne paraissant pas suffisants, on en ajouta quatre autres, soit comme chevaliers ou pages; on remplaça le *carreau* par le *lapin*, le *cœur* par le *perroquet;* le *pique* par l'*œillet;* le *trèfle* seul ne subit aucune métamorphose. Ces cartes étaient rondes et gravées au burin.

Plus tard, en Allemagne, on imposa aux cartes un nouveau changement en y introduisant le *grelot* et le *gland :* le *gland* exprimait l'agriculture, le *grelot* la folie, le *cœur* l'amour, et le *trèfle* la science. Ces cartes-là eurent cours à la fin du XVe siècle et au commencement du XVIe.

La gravure en taille de bois n'ayant été découverte qu'en 1423, les cartes auparavant étaient enluminées comme les manuscrits, et coûtaient fort cher; en 1430, Visconti, duc de Milan, paya 1,500 pièces d'or à un peintre français pour un seul jeu; mais aussitôt que la gravure permit de reproduire à l'infini une empreinte grossière, les graveurs d'Allemagne répandirent dans toute l'Europe leurs jeux de cartes, qui devinrent populaires en tombant à bas prix. La ville d'Ulm faisait un tel commerce de cartes, qu'on les envoyait par ballots en Italie et en Sicile pour les échanger contre des marchandises et des épices.

Le caractère espagnol, toujours fidèle aux distinctions de rang et d'état, se fit sentir dans la substitution des *copas, espadas, dineros* et *bastos* aux quatre couleurs du jeu de cartes français : les calices, *copas*, des ecclésiastiques; les épées, *espadas*, des nobles; les deniers, *dineros*, des marchands, et les bâtons, *bastos*, des cultivateurs, marquèrent les quatre états du peuple en Espagne. On a voulu mal à propos interpréter de la même manière les couleurs de nos cartes, en supposant que le *cœur* représente le clergé, qui siège au *chœur;* le *pique*, la noblesse, qui commande les armées; le *carreau*, la bourgeoisie, à cause du pavé des villes, et le *trèfle*, les habitants des campagnes.

En dépit des ordonnances civiles qui ont fréquemment renouvelé la prohibition des cartes à jouer, ce jeu, varié par d'innombrables combinaisons, s'est toujours maintenu à la tête des jeux avec les échecs et les dames. Le *lansquenet*, le *piquet*, la *triomphe*, la *prime*, le *flux*, le *trente-et-un*, le *mariage*, le *whist*, et une foule d'autres, eurent successivement la vogue dans les tavernes et dans les cours les plus élégantes. Disons plus : elles subirent, sous les divers règnes, des transformations de nom et de costumes fort curieuses. Sous Charles IX, c'étaient des valets de chasse, de noblesse, de cour et de pied qui accompagnaient Auguste, Constantin, Salomon et Clovis, puis Clotilde, Élisabeth, Pentésilée et Didon. Sous Louis XIV, on choisit de préférence à ces illustrations royales César, Ninus, Alexandre et Cyrus, et pour reines Pompéia, Hélène, Sémiramis et Roxane; enfin, plus récemment, sous la première république, les quatre dames furent supplantées par quatre vertus républicaines, les quatre valets chassés par quatre jeunes célébrités militaires de l'époque, et les quatre rois détrônés par Voltaire, Rousseau, la Fontaine et Molière.

LES CARTES DE VISITE

Ce dut être un calligraphe qui, choqué de ne trouver chez les suisses et les portiers que des registres crasseux, des plumes épointées trempant dans une encre bourbeuse, incolore, s'avisa d'écrire d'avance et commodément son nom sur de petits carrés en carte, qu'il déposait dans les maisons en l'absence de ses amis. Cet usage se généralisa bien vite; et cependant les cartes de visite restèrent un objet trop futile pour mériter quelque apprêt de luxe ou de goût, avant que la dorure en vînt décorer la tranche.

Bientôt l'industrie fit graver des moules ou des timbres pour entourer les cartes de visite d'ornements et de bordures en relief. Ainsi que les têtes de lettres, elles furent illustrées d'allégories; mais la mythologie, tombant de vétusté, entraîna dans sa ruine le langage allégorique, parfois d'ailleurs trop ambigu. On dut renoncer aux colombes, aux flèches, aux cœurs enflammés. Sous l'empire, l'aigle impérial y déployait ses ailes; sous la restauration, elles furent diaprées de fleurs de lis. Ces encadrements en bas-reliefs firent à leur tour place à la moire flamboyante ou radiée. Le carton prit diverses teintes ; vainqueur des soieries, il rivalisa d'éclat et de blancheur avec la porcelaine, dont il emprunta le nom ; enfin ces cartes, simples autographes sans prétention dans l'origine, réclamèrent le burin du graveur, ou tout au moins la plume du lithographe.

Telle était la carte de visite, lorsqu'en 1835 la papeterie fashionable de Paris exhiba de nouvelles cartes encadrées d'une dentelle à jour, et dont le centre recevait une gouache vigoureuse, une aquarelle piquante, ou même une modeste sépia. La carte de visite, jusque-là *plumitive,* prit dès lors un caractère *artistique.* L'histoire et le genre, le paysage et les fleurs, la dévotion et les batailles, tout dut se plier à l'exiguïté de ses dimensions. Heureux l'amateur qui choisissait avec à-propos un bouquet allégorique, un site mémoratif, une scène sympathique, au revers desquels il pût inscrire son nom. Heureux encore l'artiste à la main sûre, à la vue précise, qui savait se dispenser de recourir au talent d'autrui ; mais heureux surtout ceux et celles qui pouvaient former de ces cartes, fidèlement remises, un album précieux et varié !

Quoi qu'il en soit, la carte de visite n'a pas poussé plus loin cette première excursion, et ce champ si étroit pour le délassement de l'artiste semble rester aujourd'hui en propre à l'industrie.

LES CHAUSSURES

Les Japonais, qui portaient diverses espèces de bas tricotés, se servent aussi de bas faits simplement, comme jadis en Europe, avec des morceaux d'étoffe cousus : c'était aussi l'usage en Perse. Les bas y étaient grossièrement taillés, sans aucune proportion avec la jambe ; on les faisait souvent en drap vert : ce qui est une abomination aux yeux des Turcs, qui disent que les Persans déshonorent cette couleur en mettant aux pieds ce que le Prophète portait à la tête.

Dès les premiers temps, les *bottines de cuir* furent connues en Grèce. Dans l'*Odyssée*, Laërte arrache des épines dans son verger, *les mains couvertes de gants de cuir,* et la tête d'un chapeau tissu de poil de chèvre ; il porte aussi aux pieds des *bottes de cuir.* Les héros de l'*Iliade* faisaient usage de chaussures d'airain. Cette espèce de chaussures fut également connue des Phéniciens, des Cariens, etc. L'usage d'aller *nu-pieds* dans la maison et même en ville s'est longtemps pratiqué à Sparte, à Athènes et dans tout l'Orient. Longtemps, à Rome même, les sénateurs marchèrent pieds nus; Caton d'Utique, à l'exemple de l'Athénien Phocion, qui montait *sans chaussures* à la tribune publique, siégeait pieds nus dans la chaire des préteurs.

Les *bottines de cuir*, empruntées aux Grecs par les Romains, serraient étroitement la jambe et le pied. La *caliga*, chaussure des soldats romains, est l'origine du surnom de Caligula. Cette chaussure se composait d'une grosse semelle à laquelle tenaient plusieurs bandes de cuir, qui, après s'être croisées sur le cou-de-pied, faisaient quelques tours autour des chevilles. Les chaussures des légionnaires étaient garnies de clous. Les Romains avaient plusieurs autres espèces de chaussures; mais les principales étaient le *calceus*, qui couvrait la totalité du pied, à peu près comme nos souliers, et s'attachait par devant avec une courroie, un cordon ou un lacet; et la *sandale*, qui n'était autre chose qu'une semelle de cuir retenue également par des courroies ou lanières. La chaussure des sénateurs était de couleur noire, atteignant le milieu de la jambe, et était ornée d'un croissant d'or ou d'argent, qui se plaçait sur le cou-de-pied. Les pauvres et les esclaves portaient des chaussures de bois. On en attachait de très lourdes aux pieds des criminels, pour les empêcher de s'évader.

D'anciens monuments représentent Clovis avec une chaussure qui se rapproche beaucoup de celles que portaient de son temps les magistrats romains. Comme rien de semblable n'existe dans les statues ou images des princes francs de cette époque, on en conclut que Clovis avait une chaussure particulière à raison du titre de patrice que lui avait conféré l'empereur Anastase. Du temps de Grégoire de Tours, on offrait une chaussure aux fiancés en même temps que l'anneau de noce. Les bottes des Chinois sont de soie noire ou de cuir, et ne dépassent pas le mollet; elles sont larges; les Chinois s'en servent au lieu de poches, et y mettent des papiers et leur éventail.

Les anciens Égyptiens fabriquaient une espèce de chaussures ou de *pantoufles* avec des feuilles de palmier et de papyrus; on en faisait usage dans le temple de Jérusalem. En Espagne, on en fabriquait avec du genêt. On va nu-pieds et le plus souvent nu-jambes aux îles Maldives; néanmoins, dans leur logis, les habitants se servent d'une manière de pantoufles ou *sandales* faites de bois, et quand quelqu'un de qualité plus grande que la leur vient les visiter en leurs maisons, ils quittent ces sandales et demeurent nu-pieds.

Les chaussures *d'écorce de tilleul* sont très communes en Russie ; on calcule qu'un paysan russe en use au moins cinquante paires par an. Les Japonais se servent de chaussures de paille de riz, dont une grande quantité sont exposées en vente à vil prix, dans toutes les villes et sur toutes les routes ; ils emploient aussi des sandales de bois ; mais les habitants riches portent des souliers de *peau de chamois.*

Au VIIe siècle, certaines chaussures aujourd'hui très communes étaient à la portée d'un petit nombre de personnes. Charlemagne ordonna formellement aux ecclésiastiques, dans l'un de ses Capitulaires, de prendre des *sandales* pour dire la messe.

Les peintures trouvées en 1815 dans les tombes de la haute Égypte prouvent que la forme du *soulier égyptien,* dans les siècles très reculés, était exactement semblable à celle qu'on lui donne maintenant en Europe. Les femmes de l'Égypte ne portaient pas de souliers. Le calife Hakim défendit aux cordonniers égyptiens, sous peine de mort, de fabriquer des souliers ou d'autres chaussures pour les femmes, etc. Les bas des Chinoises ne descendent que jusqu'à la cheville ; elles enveloppent leurs pieds avec des bandelettes ; lorsqu'elles sortent de leurs maisons, elles mettent des souliers avec des talons de bois garnis de cuir ; elles ne se soutiennent que sur ces talons. Les monarques scandinaves laissaient porter par leurs vassaux, en signe de dépendance, la chaussure dont ils se servaient.

D'anciens historiens rapportent qu'Olaüs Magnus, roi de Norwège, ordonna à un prince d'Irlande de *porter sur ses épaules* des souliers qu'il lui envoyait, et ils ajoutent que l'insulaire obéit sans murmurer. Au VIIIe siècle, les anciens Lombards portaient leurs souliers découverts jusque sur le gros orteil et liés de courroies de cuir par-dessus le pied. Quelques souliers faisaient souvent partie des présents offerts aux papes par les souverains à l'époque de Louis le Débonnaire. Salomon III, duc de Bretagne, contemporain de ce prince, charge des ambassadeurs qu'il envoie à Rome de présenter en son nom au chef de l'Église, avec une statue d'or de grandeur naturelle, un mulet sellé et bridé, trente chemises, trente pièces de drap de toutes couleurs, trente peaux de cerfs, trente paires de souliers pour ses domestiques, etc.

Des chaussures très bizarres ont eu autrefois beaucoup de vogue en France et dans les pays voisins ; les chroniques du moyen âge sont remplies d'invectives contre les souliers dits *à la poulaine,* imaginés du temps de Philippe-Auguste. Le bout de ces souliers se relevait par devant en forme de bec ; le derrière était armé d'éperons ; leur longueur, qui varia sous le règne de Philippe suivant l'importance des personnages, était communément d'un *demi-pied;* les bourgeois aisés les voulaient quelquefois d'un pied, les seigneurs et les princes de deux. Les anciens Romains avaient porté des souliers de cette espèce, relevés en pointe, dont l'extrémité avait la forme de la lettre F.

Une ordonnance royale de 1377 interdit en France les souliers dits *à la poulaine.* Cette grotesque chaussure fut remplacée, sous Charles VI, par des souliers d'un pied de large. Dès 1462, un statut d'Édouard IV défendit aux gentilshommes anglais au-dessous du rang de lord de porter des souliers ou des bottes dont la pointe excédât deux pouces. Quelques personnes n'avaient pas encore quitté les *souliers à la poulaine* du temps de François Ier.

En Angleterre, les souliers eurent, dès 1633, la forme usitée aujourd'hui ; on y adapta des boucles en 1670. On a prétendu que les chanoines de Saint-Martin de Tours portaient autrefois des *miroirs* à leurs souliers. La semelle des chaussures chinoises est épaisse et composée de gros papiers, renforcée en dessous par un cuir : ces souliers sont élevés par devant et tiennent les doigts écartés et relevés en l'air.

Les habitants du Kamtchatka fabriquent des souliers avec la peau des baleines.

LES CHEMINS DE FER

Quand on eut appliqué la vapeur à la marche des bateaux sur les rivières, on songea naturellement à l'appliquer à la marche des voitures sur les routes. Les premiers essais en ce genre datent de 1801, et sont dus à deux mécaniciens du Cornouailles, Trevithick et Vivian, qui construisirent des machines à haute pression. Leur voiture présentait à peu près la forme de nos anciennes diligences ; à l'arrière étaient une chaudière et un cylindre à vapeur muni d'un piston, dont la tige imprimait un mouvement de rotation aux roues de derrière. Cette machine, dont la force ne pouvait être considérable, éprouvait une résistance énorme par son frottement sur le sol des routes ; on réussit à diminuer cet obstacle, en faisant circuler la voiture à vapeur sur des rails de bois ou de métal. Ainsi organisée, la locomotive de Trevithick et Vivian rendit peu de services, à cause de sa lenteur, et ne fut guère utilisée que dans le service de quelques mines. Quinze ans plus tard, l'ingénieur anglais Stephenson apporta quelques perfectionnements à cette première machine, et mérita de passer chez nos voisins pour le principal inventeur des locomotives. Ses machines furent employées principalement au transport du charbon sur certaines lignes spéciales.

Mais ce n'était là que l'enfance de cette industrie qui depuis a accompli tant de merveilles. Les locomotives primitives étaient lourdes, lentes, d'une force peu considérable, et elles seraient demeurées longtemps dans cet état rudimentaire, sans l'invention des *chaudières tubulaires* par un ingénieur français, M. Seguin.

M. Seguin, considérant que la locomotive, pour obtenir plus de rapidité et traîner des poids plus lourds, avait à faire une dépense énorme de vapeur, chercha le moyen de produire la vapeur avec une facilité inconnue jusqu'alors. Dans la machine de Stephenson, le foyer, placé dans l'axe de la chaudière, ne pouvait agir que sur la partie cylindrique qui l'enveloppait. M. Seguin imagina de faire traverser la chaudière par une multitude de tubes d'un petit diamètre, dans l'intérieur desquels circulaient l'air chaud et la fumée du foyer. Par cet ingénieux procédé, la surface de chauffe se trouvait de beaucoup multipliée, et avec un générateur de dimensions ordinaires, il y avait une surface de plus de 150 mètres carrés offerte à l'action de la chaleur. Les chaudières *tubulaires* réalisèrent ainsi un progrès immense sur l'ancien système, et dès lors on put marcher avec une rapidité étonnante et traîner des poids énormes. C'est de cette invention que date l'extension des chemins de fer.

Nous n'avons point à décrire ici en détail le mécanisme d'une locomotive. Il se compose essentiellement d'une chaudière et d'un foyer destinés à produire la vapeur en abondance, et de deux cylindres dans lesquels la vapeur s'engage alternativement des deux côtés d'un piston pour le chasser en sens opposé, et, par le moyen de deux bielles, faire mouvoir les roues. Tels sont les organes essentiels de la locomotive. Les autres parties, telles que le manomètre, la pompe à eau, etc., ne sont, malgré leur utilité, que des organes accessoires. La locomotive est certainement une des œuvres les plus merveilleuses dues au génie de l'homme, et une des plus belles applications des lois posées par le Créateur.

LES CLOCHES

Monuments imposants de la foi des siècles passés, après avoir annoncé toutes nos victoires, célébré toutes nos fêtes, les cloches de France ont été, pour la plupart, converties en gros sous par la misère ou l'avidité à l'époque funeste de 1793. Nos belles cloches, nos harmonieux carillons ne font plus retentir les airs de leur monotone et grandiose mélodie. Dans plusieurs églises, il est vrai, on conserve de bonnes cloches; mais l'art de les mettre en branle n'existe plus, et des sons discordants qui se heurtent ou se succèdent inégalement et sans cadence, viennent seuls fatiguer nos oreilles assourdies. Il y avait pourtant dans la voix puissante de cet instrument, dans l'admirable combinaison de son harmonie, dans le majestueux prolongement de ses ondulations sonores, quelque chose qui disposait l'âme à de mélancoliques pensées, et lui faisait éprouver des jouissances intimes et toutes poétiques.

On attribue communément aux Égyptiens l'invention des cloches. Ils prétendent en posséder une que Noé travailla par l'ordre de Dieu. Kircher dit qu'elles faisaient un grand bruit pendant les fêtes d'Osiris. Les Athéniens s'en servaient pour convoquer le peuple aux sacrifices de Proserpine et de Cybèle. Les Romains indiquaient par elles l'heure des bains, l'ouverture des marchés. Zonaras raconte que lorsqu'on portait un Romain en triomphe, on suspendait à son char un fouet et une clochette, pour lui rappeler qu'il pouvait encore faillir, et par conséquent être battu de verges et condamné à mort. En effet, ceux qu'on conduisait au supplice portaient une clochette pour avertir le peuple de se retirer et de ne point toucher le criminel, de crainte d'être souillé. Chez les Hébreux, la robe que portait le grand prêtre dans les cérémonies était garnie de clochettes.

Nonobstant ce qui précède, l'invention réelle des cloches n'appartient qu'au IVe ou au Ve siècle; avant cette époque il n'y avait aucun instrument de ce genre dont la dimension dépassât celle de nos sonnettes ou petites cloches. Ce fut en Italie, vers l'an 400, qu'on fabriqua les premières; et la ville de Nole, en Campanie, est généralement regardée comme le lieu de leur découverte : de là le nom de *campana* qu'on leur donna.

Leur introduction dans les églises et leur emploi pour appeler les fidèles aux offices ne remontent pas au delà du VIe siècle; ce ne fut que beaucoup plus tard que l'usage s'en répandit dans toutes les églises et couvents de la chrétienté.

Nous trouvons dans le *Père de l'histoire de France*, saint Grégoire de Tours, qui vivait au VIe siècle, de curieux détails sur les cloches et les clochers de son temps. Il est bien certain qu'il y avait un signal que l'on agitait, *signum*, pour convoquer le peuple aux offices sacrés, et que l'usage en était vulgaire, ainsi que le démontrent une foule de passages du pieux historien; ce signal était placé au dehors de l'édifice sacré, au-dessus de la toiture, et assez puissant pour éveiller les moines au milieu de la nuit et les appeler à matines. Quelle en était la forme? Nous n'admettons point qu'il faille voir ici une crécelle ou un instrument analogue, encore moins des castagnettes en bois, dont la forme et le bruit ne se prêtaient guère aux usages du *signum;* notre crécelle moderne d'ailleurs ne semble pas avoir été connue du temps de Grégoire de Tours, et c'est avec les castagnettes, instrument employé alors par les vignerons pour chasser les oiseaux de leurs vignobles, que les sourds-muets signalaient leur présence et demandaient l'aumône. Le *signum* de Grégoire de Tours était donc une véritable sonnette, d'un volume déjà assez puissant. Il est d'ailleurs à remarquer que le mot *signum*, que notre vieille langue française a traduit par le mot *seing* ou *sing*, jusqu'au XVIe siècle, a eu constamment sous cette double forme la signification de cloche dans le style ecclésiastique, depuis le temps de cet historien, et on le retrouve encore, dans notre langue moderne, dans la composition du mot *tocsin*.

Les clochettes, qui ne méritaient pas encore le nom de cloches, étaient mises en mouvement par un câble qui traversait la toiture par une ouverture ménagée à cet effet. Il y avait au-dessus du toit une petite construction accessoire, destinée à abriter la cloche, construction que Grégoire de Tours appelle *machina*, sans doute à cause du levier qui servait à agiter le *signum*. Cette machine ressemblait sans doute beaucoup à ces simples arcades destinées à recevoir la cloche, que l'on remarque dans quelques vieilles églises de campagne, et que l'on nomme *bertrèches* dans le Poitou, où elles sont assez communes. Peut-être aussi, mais bien rarement, ces clochers primitifs étaient-ils quelquefois construits en forme de tours, comme celui qui surmontait la basilique de Nantes, et dont Fortunat de Poitiers, écrivain du VIe siècle, a donné une curieuse description.

L'existence des cloches au VIIe siècle est révélée par un événement qui prouve en même temps qu'elles étaient alors fort peu connues. Lorsqu'en 637 Clotaire assiégeait Orléans, saint Loup, évêque de cette ville, fit sonner les cloches de l'église Saint-Étienne. Les soldats furent tellement effrayés en entendant pour la première fois ces instruments sonores, qu'ils se mirent à fuir, et Clotaire fut obligé de lever le siège.

L'usage de sonner les cloches pour les morts est fort ancien, et l'on en faisait souvent l'objet d'une clause testamentaire. Cette disposition est notamment conçue d'une manière curieuse dans le testament de François Ier, duc de Bretagne, en 1450.

Les légendes ont attribué des effets merveilleux au son des cloches : par exemple, Surius rapporte que dans plusieurs monastères la cloche résonnait d'elle-même quand un religieux rendait le dernier soupir. Giraldus parle, au XIIe siècle, d'une cloche sur laquelle on prononçait tous les jours des paroles mystérieuses, parce que, si l'on eût omis ce soin, elle serait partie d'elle-même dans une église voisine; enfin le son des cloches passait pour préserver du démon, d'une foule de maux et d'accidents, pour détourner la foudre et dissiper les orages.

C'est pour placer les cloches, objet d'une admiration universelle, qu'on bâtit ces clochers hardis, ces tours élevées qui décorent presque tous nos beaux monuments gothiques. Mais avant la construction de ces édifices, on plaçait la cloche dans l'intérieur de l'église. Il existe une ancienne loi qui prévoit d'une manière singulière les accidents qui résultaient de la chute d'une cloche. Ainsi la cloche, tombant dans l'église, tuait-elle ou blessait-elle quelqu'un, l'église payait de son revenu une grosse amende; mais si le curé ou le sonneur étaient les victimes, aucun dédommagement ne leur était accordé.

Tour à tour organes de nos joies et de nos douleurs nationales, les cloches annonçaient tous les grands événements. La vieille tour de Saint-Germain-l'Auxerrois contient encore une cloche qui donna l'affreux signal du massacre de la Saint-Barthélemy. La plupart des inscriptions gravées sur les cloches à une époque même assez reculée expriment les diverses circonstances dans lesquelles elles étaient employées. Voici l'une d'elles : « Je loue le vrai Dieu; j'appelle le peuple; je rassemble le clergé; je pleure les morts; « j'écarte les orages; je célèbre les fêtes. » Plusieurs de ces inscriptions illustraient aussi des familles, ou donnaient aux villes qui les possédaient une certaine gloire : la cloche de Saint-Pantaléon de Commercy, fondue en 1752, eut pour parrain le roi de Pologne, et s'appelle Stanislas; celle de Rouen porte le nom de son donateur, Georges d'Amboise; celle de Saint-Èvre de Nancy, fondue en 1691, le nom du duc de Lorraine, Charles III. Elle faisait, par parenthèse, vibrer des accords si mélodieux, que Louis XIV, pendant son séjour à Nancy, en 1674, la faisait sonner en volée pendant ses repas; elle fut cassée en 1747.

Les grandes cathédrales, les riches abbayes étaient pourvues de plusieurs cloches ayant chacune leur destination différente, à savoir : la cloche d'honneur, qui annonçait l'arrivée d'un personnage important; la cloche de joie, pour les événements heureux; la cloche commune, qui indiquait les heures du travail, du repos, les réunions pour certaines affaires publiques, la cloche funèbre, dont le tintement lugubre apprenait l'agonie ou la mort, l'excommunication ou l'exil; enfin la grosse cloche, qui sonnait le tocsin.

Les plus grosses cloches au XVIIe siècle étaient l'*Emmanuelle*, de Paris, fondue en 1682, pesant 81 milliers; *Georges d'Amboise*, de Rouen, 33 milliers; celle de Saint-Étienne à Vienne en Autriche, 36 milliers et plus; mais les cloches de Nankin et de Pékin sont plus grosses encore que celles d'Europe; en revanche, elles ont un moins beau son. Les Russes vénèrent leurs cloches jusqu'à la passion. Celle de Saint-Yvan est du poids de 51,000 kilogrammes. Moscou en possède une autre d'un calibre bien plus extraordinaire encore; elle est située dans un fossé profond, au milieu du Kremlin, y a été fondue, et n'a jamais pu être soulevée. Cette montagne de métal pèse 240,000 kilogrammes. On croit que c'est un don de l'impératrice Anne, successeur de Pierre le Grand.

Anne de Bretagne, passant par Chartres, entendit un enfant de chœur dont la voix et le chant la captivèrent. Elle pria les chanoines de le lui laisser pour l'emmener avec elle; le chapitre y consentit. « Messieurs, leur dit la reine en leur adressant ses remerciements, je ne veux pas que vous y perdiez; au lieu d'une petite voix argentine et flûtée, je vous en promets une qui se fera entendre à quatre lieues à la ronde. » Elle tint parole, et la cathédrale de Chartres eut à se glorifier d'avoir la cloche la plus belle et la plus forte de la ville.

Le baptême des cloches remonte au moins au VIIe siècle. Alcuin, précepteur de Charlemagne, en parle comme d'un usage antérieur à l'année 770. Les plus illustres personnages regardaient comme un honneur d'être choisis pour parrains et marraines d'une cloche, et leur nom gravé sur l'instrument transmettait, comme nous l'avons vu, à la postérité le témoignage de leur munificence et de leur piété. Cette cérémonie se célébrait avec une grande pompe : la cloche était couverte de riches étoffes, suspendue sous un dais au milieu de la nef, et le clergé, revêtu d'ornements blancs, accompagné du parrain et de la marraine, la bénissait solennellement en récitant diverses prières et en chantant quelques psaumes. Cette cérémonie, bien simplifiée, consiste aujourd'hui à répandre sur la cloche de l'eau qui a été bénite avec un mélange de sel et d'huile des catéchumènes. On la lave à l'intérieur et au dehors; ensuite le prêtre célébrant y fait sept onctions cruciales avec le saint chrême, trois en haut et quatre en bas, frappe la cloche avec le battant, et en fait faire autant aux parrain et marraine.

L'emploi des cloches est considéré dans l'Église catholique sous un double aspect : d'abord, elles ont pour objet principal la convocation du peuple à la prière et aux offices divins; puis elles sont encore considérées comme le simulacre sur la terre de la voix de Dieu, et une sorte de manifestation de sa grandeur. C'est dans ce sens qu'on chante pendant la cérémonie de leur bénédiction ces magnifiques paroles de David : « La voix du Seigneur se fait entendre sur les eaux, fait sortir des nues le feu et les éclairs, ébranle les déserts et brise les cèdres du Liban. »

La réunion de plusieurs cloches de diverses grandeurs, gouvernées par un clavier, forme ce qu'on appelle un *carillon*. C'est dans la Flandre que ce gigantesque instrument a été inventé, qu'il s'est étendu et perfectionné. Cette invention remonte assez haut, puisqu'une maison située à Gand en 1398 était déjà nommée le *Carillon*. Presque tous les bourgs de Belgique et de Hollande possèdent des carillons que l'on joue au moyen d'un clavier sur lequel on frappe avec les poings; d'autres sont soumis à l'action d'un cylindre. On rencontre, dans ces pays, des hommes d'une habileté extraordinaire, qui parviennent à exécuter des airs du mouvement le plus rapide. Les plus célèbres carillons étaient ceux de Delft et d'Anvers.

Plusieurs peuples de l'Asie ont aussi des carillons; Dampier assure en avoir trouvé un dans les îles Philippines; on y comptait seize cloches; enfin les Chinois suspendent aux divers étages de leurs tours un grand nombre de clochettes que le vent agite et fait sonner. C'est à ce dernier genre de carillon que se rattache une harmonie étrange; de même sur les montagnes et dans les pâturages de la Suisse, on rencontre une quantité innombrable de bestiaux qui ne sont gardés par aucun pâtre, et errent dans la vaste enceinte où ils sont parqués. Ces bestiaux portent tous de petites clochettes de diverses grandeurs, qui produisent des sons variés à l'infini. Tous les calculs de la science seraient impuissants pour imiter ce prodigieux carillon. Le hasard forme ainsi des combinaisons harmoniques, des mélodies bizarres, indéfinissables et pleines de charme. L'écho répète ces accords extraordinaires, qui forment, avec le murmure des ruisseaux, le mugissement des torrents et le sifflement du vent, la seule mais admirable musique qu'on entende dans ces lieux sauvages et pittoresques.

LES DENTELLES

Où a été faite la découverte de l'industrie de la dentelle? On ne le sait. Quel en a été l'inventeur? En quel temps vivait-il? Quel était son pays? On ne le sait. — La Belgique, la France, réclament cet honneur; mais il y a tant d'incertitude sur les témoignages apportés par les écrivains des deux pays, qu'on est et qu'on sera probablement toujours réduit à des conjectures.

Ce n'est pas l'histoire qui la première nous parle de la dentelle : c'est la peinture. On a trouvé une suite de dix estampes gravées, vers 1580 ou 1585, par divers artistes, qui représentent les diverses occupations de la vie humaine. Dans la quatrième, consacrée à l'âge mûr, on voit une jeune fille avec un carreau à tiroir sur les genoux et travaillant à la dentelle aux fuseaux. Ce tableau prouve non seulement que cet exercice existait alors, mais qu'il était devenu très commun, puisque les artistes s'en servaient pour caractériser les occupations d'un âge de la vie.

Du temps de Colbert, l'usage des dentelles était fort répandu en France. Ce n'étaient pas seulement les femmes qui en portaient, mais les hommes, qui s'en chargeaient et qui en mettaient jusqu'à leurs bottes. La consommation en était devenue si considérable et l'on attachait une si grande importance à cette fabrication, qu'il fut fait à Bruxelles un édit qui prononçait la confiscation contre quiconque débaucherait les dentellières et les appellerait en France.

On attribue à Colbert la création de la première fabrique connue de dentelles en France. Voici comment le rapporte Voltaire : « On fit venir trente principales ouvrières de Venise. Henri de Rouvières, pharmacien de Louis XIV, parle de dentelles fabriquées à

Genève, dans une relation de ses voyages publiée en 1703. Le comte de Maison, le plus jeune fils du comte d'Harcourt, amena de Bruxelles à Paris, vers la fin du XVIIe siècle, sa nourrice, nommée Dumont, avec ses quatre filles, et lui fit obtenir le droit exclusif d'élever dans cette ville des ateliers de dentelles. Elle s'établit au faubourg Saint-Antoine; on lui donna un des Cent-Suisses du roi pour garder la porte de sa maison, où en peu de temps elle réunit plus de deux cents filles, entre lesquelles il y en avait plusieurs de qualité. Certains ouvrages sortis de ces ateliers effacèrent les points de Venise. Cette manufacture fut depuis transportée rue Saint-Sauveur, et ensuite à l'hôtel Saint-Chaumont, près de la porte Saint-Denis. Mme Dumont, étant passée en Portugal, laissa la conduite de sa maison à Mlle de Marsan. »

Sous Louis XIV, sous Louis XV et sous Louis XVI, les dentelles furent fort recherchées et jouirent d'une très grande faveur. La république seule les proscrivit, avec tant d'autres choses. Ce fut sous l'empire que la mode des dentelles commença à renaître, à s'étendre et à reprendre une grande partie de son éclat. On ne sait trop pourquoi, sous la restauration, la haute société abandonna l'usage de la dentelle : ce n'est que depuis 1830 qu'il a commencé à se répandre de nouveau : le règne de la dentelle semble tout à fait avoir repris faveur aujourd'hui.

Les dentelles ont un nom et une classification qui leur vient des lieux où elles sont fabriquées. Ainsi on dit des *bruxelles*, des *malines*, des *valenciennes*, un *point d'Alençon*, un *point d'Angleterre*.

Il est peu de branches industrielles qui occupent un aussi grand nombre de personnes que la fabrication des dentelles; il s'élève, pour la France seulement, à plus de 60,000 ouvrières. Cela semble moins difficile à croire lorsqu'on se rappelle que, malgré le prix fort considérable des dentelles, toute leur valeur vient de la main-d'œuvre, et que la matière première n'y entre jamais pour une forte somme. Dans une robe du prix de 6,000 francs, comme on en fait de si belles à Bayeux, comme tant de jeunes femmes brûlent du désir d'en porter, il y a à peine pour soixante francs de fil.

LE DIAMANT

Le diamant tient le premier rang parmi les pierres précieuses; il doit cette préférence à sa rareté, à sa dureté, à son éclat, à l'ensemble de ses propriétés. Il était connu des anciens sous le nom d'*adamas*, qui signifie *indomptable*. Les Perses, les Turcs et les Arabes le nomment *almas;* les Allemands et les Français, *diamant;* les Anglais, *diamond*, les Espagnols et les Italiens, *diamante*.

L'Inde paraît être la première contrée où le diamant a été trouvé, dans les royaumes de Golconde et de Visapour; les principaux gîtes sont dans le Bengale et le Dekkan. C'est dans cette dernière contrée qu'existe la presque totalité des mines qui furent et sont exploitées. Les plus abondantes sont celles de Gani, de Raolconda et de Gouel.

La première est très renommée pour la grosseur de ses diamants, dont la valeur est moindre parce qu'ils sont parfois colorés; la mine de Raolconda fut découverte vers le milieu du XVIe siècle; elle appartenait au roi de Visapour. La rivière de Gouel, qui passe dans le royaume de Bengale, charrie les diamants connus sous le nom de *pointes naïves*. Au pied des montagnes de Gale, à environ vingt milles de Golconde, on trouve aussi la mine de Pastéal, dont les diamants sont très estimés.

Les diamants de Gani sont enfouis au milieu d'une alluvion de nature argilo-ferrugineuse; c'est par le lavage le plus soigné qu'on les dégage de la terre qui les couvre. Les ouvriers employés à leur recherche sont nus et très surveillés, afin qu'ils n'en avalent aucun, car c'est le seul moyen qu'ils puissent mettre en œuvre pour en voler.

Entourés de terre, ceux de la mine de Raolconda se trouvent dans les fissures de rochers. Ces diamants offrent parfois des points noirs et rouges qui en altèrent la valeur. Les mines de Visapour n'en donnent que de petits; aussi ont-elles été successivement abandonnées. C'est dans les environs de Golconde qu'on a trouvé les plus beaux diamants, entre autres le *Régent*.

Vers le commencement du XVIIIe siècle, on découvrit au Brésil, dans la province de Minas Geraes, des terrains diamantifères assez riches. Le produit de ces diamants fut d'abord de 15 livres; il est maintenant de 10 à 12 livres, ou de 24,000 à 28,000 carats, qui, par la taille, se réduisent à environ 900 carats propres à la bijouterie; le reste est employé au polissage. Leur gisement est dans la croûte terreuse des montagnes; on en extrait les diamants par le lavage. Dès qu'un nègre en a découvert un, il frappe des mains; l'un des inspecteurs accourt et dépose le diamant dans une gamelle placée au milieu de l'atelier. Par un règlement spécial, le nègre qui trouve un diamant de 70 grains est mis en liberté, avec quelques cérémonies usitées; mais, malgré cet avantage inappréciable, les diamants les plus gros et les plus beaux sont bien souvent volés.

Naguère on a annoncé qu'on trouvait aussi des diamants dans les monts Ourals. Les diamants se rencontrent toujours dans les terrains qui paraissent être de nature moderne et qui sont ordinairement composés de substances terreuses. Ils sont disséminés dans les dépôts en très petite quantité, toujours écartés les uns des autres et entourés d'une croûte plus ou moins adhérente. L'observation a démontré qu'on trouve les plus gros diamants dans le fond ou sur le bord des larges vallées, et surtout dans les endroits où il existe de la mine de fer.

Quoique le diamant soit incolore, on le trouve cependant coloré en bleu, en brun, en jaune, en gris, en rouge, en vert et en noir. Le rouge et le vert sont très rares; ce diamant porte le nom de *diamant savoyard*. On le trouve également en grains irrégulièrement arrondis ou en cristaux qui constituent autant de variétés. L'octaèdre (huit faces) est la forme primitive du diamant, qui affecte ensuite plusieurs autres formes. La surface des cristaux est rude, inégale au toucher; sa structure est à lames, ce qui en rend la division facile en prenant adroitement le joint des lames avec une pointe d'acier très aiguë. C'est par ce moyen que le lapidaire parvient à en détacher les parties défectueuses ou irrégulières. Il en est cependant qui ne se prêtent point à cette opération dans toutes leurs parties; les lapidaires les nomment *diamants de nature*. Quand ils sont petits, on les vend pour les vitriers; les gros ne prennent jamais un beau poli.

Les opticiens ont plusieurs fois essayé d'employer le diamant pour en faire des lentilles de microscope. Ce nouvel emploi a déterminé des observations fort curieuses.

Le diamant est le plus dur de tous les corps; on ne peut l'user qu'au moyen de sa propre poussière. Lorsqu'il est sous forme cristalline, naturelle ou artificielle, il décompose les rayons solaires et offre un jeu agréable de couleurs irisées, qu'on nomme *éclat ada-*

mantin; c'est le corps qui réfracte le plus la lumière; il est phosphorescent par son exposition au soleil ou par le choc électrique; il est insoluble dans tous les agents chimiques. Les anciens croyaient qu'en plongeant un diamant brut dans du sang de bouc chaud, il s'amollissait et se cassait ensuite plus facilement; il faut ranger cette erreur à côté des propriétés fabuleuses qu'on lui a prêtées, principalement celles d'en engendrer d'autres, de donner une poudre vénéneuse à laquelle on a attribué la mort de Paracelse, d'être un antidote contre les ensorcellements, la peste, les poisons, etc.

La nature du diamant fut inconnue des anciens; elle fût devinée par Newton. Ce grand homme, considérant sa grande force de réfraction, n'hésita pas à le classer, en 1673, parmi les combustibles. Cette opinion, qui n'était basée que sur la pénétration de son génie, se trouva convertie, cent dix-neuf ans après, en une vérité incontestable par suite des expériences de l'académie de Florence, entreprises en 1794, et celles de l'infortuné Lavoisier, qui constata que le diamant, en brûlant, se convertit en acide carbonique, de sorte que le diamant est universellement regardé comme étant du charbon pur dont les molécules sont unies par une très grande force d'adhérence.

On connaît les formes que le diamant peut recevoir par la taille. La double forme pyramidale ou en *brillant* est la plus estimée. La taille en *rose* est tout à fait plate en dessous; la partie supérieure, qu'on nomme la couronne, se termine en pointe à peu près comme un bouton de rose.

Le diamant se vend au poids, au carat; c'est un poids conventionnel qui vaut, suivant les pays, de 200 à 206 milligrammes. Le prix du diamant, au cours d'aujourd'hui, est de 300 francs le carat, taillé en brillant; le même poids d'or vaudrait cinq cents fois moins ou soixante centimes. Le prix du diamant croît en passant d'un carat à plusieurs, non pas proportionnellement au poids, mais au poids multiplié par lui-même, ou, comme on dit, au carré du poids. Un brillant d'un carat valant 300 francs, celui de deux carats vaudra quatre fois plus, c'est-à-dire 1,200 francs.

Le *Régent*, auquel le duc d'Orléans, qui en fit l'acquisition pendant la minorité de Louis XV, a laissé son nom, est le plus beau et le mieux taillé peut-être de tous les diamants connus, bien qu'il soit loin d'être le plus gros. Il pèse 136 carats, et il a été estimé douze millions. Après le *Régent*, il faut nommer le *Sancy*, tombé du casque de Charles le Téméraire à la bataille de Granson, et qui appartient aujourd'hui à la famille Demidoff; l'*Étoile du Sud*, trouvée par une négresse du Brésil en 1853; et le *Ko-hi-noor* ou *Montagne de Lumière*, qui a été vendu à la couronne d'Angleterre.

LE JEU D'ÉCHECS

Divers écrivains célèbres de l'antiquité, Hérodote, Homère, Virgile, Horace, font remonter son origine à l'époque de la guerre de Troie : à les en croire, ce fut Palamède, un des capitaines grecs, qui l'inventa sous les murs mêmes de cette ville, pour distraire les guerriers dans les jours de trêve et d'inaction.

Les Orientaux, au contraire, en font honneur aux habitants de l'Inde, contrée d'où ils le font passer en Perse, au temps de la domination de Cosroès. Voici, suivant eux, le motif qui détermina l'invention de ce jeu.

Au commencement du ve siècle de notre ère, vers l'embouchure du Gange, régnait un jeune et puissant monarque, doué de toutes les qualités propres à lui concilier l'amour et la confiance du peuple qu'il gouvernait; mais les flatteurs dont il était continuellement entouré finirent par corrompre son excellent caractère. Au milieu de tous les excès qu'il commettait pour satisfaire son orgueil naissant et varier les plaisirs de la vie molle et fastueuse dont on lui avait inspiré le goût, certain brahmine nommé Sissac conçut le généreux dessein de lui dessiller les yeux et de le ramener à la vertu. A cet effet il inventa le jeu des échecs, où le roi, comme on le sait, quoique la plus importante de toutes les pièces, ne laisse pas de devoir sa conservation et son bonheur au zèle et à l'attachement de ses sujets.

Un jeu aussi piquant ne pouvait tarder à acquérir une grande vogue : le prince en entendit parler, et désira vivement de l'apprendre. Le brahmine, en lui en expliquant les règles, sut le disposer insensiblement à écouter le langage de la raison, qu'il avait jusqu'alors méconnue, et à affranchir son cœur du joug des passions. L'élève, profitant des leçons du maître, réforma sa conduite, et devint un modèle de sagesse et de bonté : aussi, pour ne pas mettre de bornes à sa reconnaissance, s'engagea-t-il à accorder à Sissac tout ce qu'il pourrait souhaiter à titre de récompense. Le brahmine lui demanda seulement la quantité de blé que donneraient les cases de l'échiquier, en comptant un grain pour la première, deux pour la seconde, quatre pour la troisième, et ainsi de suite en doublant toujours jusqu'à la soixante-quatrième. La modicité apparente de sa prétention surprit étrangement le monarque, qui ordonna, non sans rire, de le satisfaire sur-le-champ. Mais quand il fut question de compter, on s'aperçut bientôt que toutes les richesses de l'empire ne suffiraient point à l'accomplissement de ce souhait, et que le nombre des grains serait à peine contenu dans 16,384 villes, renfermant chacune 1,024 magasins, dans chacun desquels il y aurait eu 17,476 mesures, chaque mesure contenant d'ailleurs 32,768 de ces grains. Le brahmine se prévalut encore de cette circonstance pour faire sentir au prince, déjà revenu de son égarement, combien il importe aux souverains de se tenir en garde contre tous ceux qui les approchent, et surtout de ne rien promettre avec trop de légèreté.

Les Persans lui donnèrent le nom de *Ssadreng*, c'est-à-dire le jeu *aux cent peines*, ou *aux cent couleurs*, à cause de la grande attention qu'il exige en présentant une infinité de combinaisons à l'esprit. Ce jeu fut porté en Chine vers l'an 537, sous le règne de l'empereur Vouti. Les Arabes le connurent plus tard, et ils conservèrent à presque toutes les pièces les noms qu'elles avaient originairement reçus de leurs voisins les Persans; et ceux-ci, jaloux de la renommée que s'étaient acquise les Indiens par l'invention du jeu des échecs, imaginèrent à leur tour celui du *trictrac*, qu'ils leur transmirent en échange.

Les Chinois et les Persans, et après eux les Arabes, ont fait successivement subir aux échecs des changements plus ou moins sensibles. Le fier Tamerlan, qui ne se plaisait que dans le tumulte des camps, eut aussi la fantaisie d'imposer de nouvelles règles à ce jeu ; enfin quelques savants de l'Europe se sont peu à peu avisés de proposer pour l'améliorer des réformes qui n'ont abouti qu'à le rendre plus difficile, sans le rendre plus piquant.

L'ÉCLAIRAGE AU GAZ

Ce n'est pas tout d'abord et d'un premier bond qu'on est arrivé à l'éclairage perfectionné par le gaz ; avant d'atteindre ce brillant résultat, il a fallu traverser bien des années de ténèbres.

Sans parler des rues de nos villes de province, les rues de Paris, jusqu'à la fin du XVIIe siècle, se changeaient chaque nuit en véritables coupe-gorge, dont la sombre apparence était à peine interrompue de loin en loin par la lueur rougeâtre de quelque chandelle allumée par un dévot citadin devant l'image de la sainte Vierge ou de saint Nicolas, ornement grossièrement sculpté du carrefour. Tout bon bourgeois assez téméraire pour se hasarder alors à nuit close dans l'obscur dédale des rues de Paris, se voyait obligé de porter avec lui son falot.

Ce n'est qu'en 1666 que l'on commença d'user de lanternes à Paris : maigre et chétif éclairage, toujours ballotté par les vents, produisant à peine et rendant tout au plus les *ténèbres visibles,* selon l'expression de Milton, de ce poète dont le génie prophétique prédisait un siècle et demi d'avance le futur avènement du gaz.

En 1767, cent ans juste après l'installation des lanternes, celles-ci cédèrent la place aux réverbères, qu'à son tour le gaz hydrogène bicarboné dut supplanter plus tard.

Plus favorisé que Paris, Londres fut éclairé deux cent cinquante ans plus tôt. Chaque citoyen y fut tenu, dès 1414, de suspendre à sa croisée une lanterne afin d'éclairer la rue. A ce compte Londres fut la première ville d'Europe régulièrement éclairée; pourtant les citoyens se firent souvent tirer l'oreille; et, comme ces bons habitants de Falaise qui portaient bien le fanal selon l'ordonnance, mais sans chandelle allumée dedans, *parce qu'on ne l'avait pas dit,* ils se montrèrent plus d'une fois sourds aux injonctions de leurs magistrats, lesquels n'exigeaient rien cependant que pour la *tranquillité* et la *sécurité* de la ville.

En 1690, les juges de paix fixèrent les distances auxquelles les fanaux seraient suspendus. En 1716, il fut arrêté que chaque maison aurait, de six à onze heures du soir, sa lanterne allumée pendant chaque mois, depuis la seconde nuit après la pleine lune jusqu'à la fin du premier quartier. Mais toutes ces ordonnances ne concernaient que la Cité de Londres, tandis que les quartiers extrêmes, plongés dans une obscurité complète, restaient exposés à l'exploitation permanente de tous les malfaiteurs. Enfin le parlement vota, en 1743, un bill ordonnant l'éclairage complet de la double cité de Londres et de Westminster.

Voilà donc un système complet d'illumination institué; cependant les employés des compagnies d'éclairage avaient beau fourbir les miroirs métalliques de leurs réverbères, les mèches imbibées d'une méchante huile de baleine luttaient difficilement contre les brouillards de la Tamise. C'étaient de rue en rue de véritables feux à éclipse, renvoyant à peine à dix à douze pas une lumière incertaine, voilée d'épaisses vapeurs. Il n'appartenait qu'au gaz hydrogène bicarboné d'apparaître au milieu des nuits, dans tout l'éclat de sa splendeur, suppléant le jour absent par le jet de ses flammes blanches et vives, et défiant en toutes saisons les éternels caprices de la lune.

Nous n'avons point à donner ici le détail des manipulations diverses d'où résulte le gaz par la distillation du bois ou de la houille, des matières oléagineuses, de la tourbe ou de la résine; disons seulement le nom de celui qui le premier, ramassant à ses pieds un informe et noir fragment de charbon de terre, le jeta dans la cornue.

Depuis de longues années la combustibilité du gaz hydrogène pur était connue; mais le peu de puissance éclairante de cette substance avait fait reléguer dans les cabinets de physique cette expérience plus curieuse qu'utile. Dalsémius fit, dit-on, à Paris, en 1686, quelques expériences sur la lumière de ce qu'on appelait alors *air inflammable*. Cinquante ans plus tard, l'Anglais Clayton recueillit du gaz échappé naturellement des houillères, et publia ses expériences sur la combustion de ce gaz, désigné par lui sous le nom d'*esprit de charbon de terre*. Le docteur Richard Watson, postérieurement évêque de Llandaff, poussa, en 1767, ses expériences plus loin qu'aucun de ses prédécesseurs.

Toujours progressive, quoique lente dans sa marche, la science avançait pas à pas. En 1787, Driller communiquait à l'Académie des sciences de Paris un mémoire dans lequel il cherchait à établir la possibilité de s'éclairer par la combustion de l'hydrogène. Mais tous ces essais incomplets n'eurent d'autres résultats que d'inspirer des essais postérieurs. Jamais une invention n'apparaît au monde sans précurseur; tout progrès nouveau est le fils d'un progrès précédent.

L'ingénieur français Lebon songea pour la première fois, en 1785, à faire servir à des usages domestiques la combustion du gaz produit par la distillation du bois. Il préparait du charbon en vase clos, et obtenait ainsi (outre un produit principal, le vinaigre de bois) de l'hydrogène bicarboné en quantité assez notable pour l'appliquer au chauffage et à l'éclairage des appartements. Dans ce but il fit connaître, quelques années plus tard, un appareil de son invention, qu'il désignait sous le nom de *thermolampe*. Cet ustensile, d'un emploi et d'un maniement peu commodes, n'eut aucun succès comme meuble de ménage. Le gaz extrait du bois ne produisait d'ailleurs qu'une faible clarté.

Lebon avait indiqué la houille comme propre à remplacer le bois avec avantage dans la production de l'hydrogène carboné, c'est là le grand mérite de ses recherches; quant à la véritable gloire de l'invention perfectionnée, elle revient en entier à l'Anglais William Murdoch. Ce fut lui qui le premier découvrit que le gaz distillé de la houille pouvait être accumulé dans de vastes réservoirs, purifié par son passage à travers un liquide, et enfin dirigé à grande distance des fourneaux, vers les points de combustion où il devait produire, dans des becs convenables, une lumière plus vive, moins coûteuse que la lumière ordinaire dérivée du suif, de la cire ou de l'huile. Voilà le résultat incontestable des expériences de Murdoch.

Reprenons les faits. En 1792, M. Murdoch, employé dans le comté de Cornouailles, éclairait habituellement au gaz sa maison et ses bureaux; plus tard, il répétait la même expérience en Écosse. Ce n'est qu'en 1798 qu'il fit part pour la première fois de sa découverte au public, lorsqu'il se mit en mesure d'obtenir un brevet d'invention pour s'en garantir l'exploitation privilégiée. Il reprit alors ses essais sur une échelle plus grande qu'il n'avait fait jusque-là; mais, sans être absolument décourageant, cet essai n'offrait pas néanmoins un résultat assez satisfaisant aux amis de Murdoch pour qu'ils osassent former avec lui une compagnie d'éclairage. Ils renoncèrent donc à livrer aux hasards d'une industrie naissante les capitaux indispensables à son exploitation.

Cependant, en 1802, la renommée des expériences tentées en France par Lebon se répandit en Angleterre, et vint à propos stimuler le zèle abattu de M. Murdoch. Secondé par les manufacturiers de sa ville natale, il procura à la population de cette cité le spectacle splendide d'une illumination au gaz, à l'occasion de la paix d'Amiens, qui venait d'être signée. La même année, Watt et Boulton ayant saisi toute la portée de l'invention de Murdoch, leur ami, la mirent immédiatement en pratique.

Dans ces mains habiles, le nouveau mode d'éclairage subit chaque jour d'importantes modifications, tandis que M. Murdoch travaillait activement de son côté à l'amélioration de son système. En 1806, Watt et Boulton furent chargés d'établir un grand nombre d'appareils pour l'éclairage des immenses manufactures de coton de plusieurs villes industrielles du royaume. Le gaz se répandit ainsi peu à peu dans les établissements particuliers; mais il ne trouvait point encore d'application pour l'illumination d'une ville entière. C'est en 1807 qu'un Allemand du nom de Winsor, s'emparant des procédés de Murdoch et de Lebon, conçut l'idée de fonder une société d'éclairage général au gaz pour les rues, les usines, les boutiques, les hôtels et les maisons de Londres. Dans le but d'appeler à lui les capitalistes, il répandit dans le public d'emphatiques prospectus. Au dire de M. Winsor, le gaz lui-même n'était qu'un produit fort secondaire, on le donnerait pour rien; qu'il y aurait encore du bénéfice par la vente du goudron, du coke, de l'ammoniaque, etc., résultats de la distillation du charbon de terre.

Toujours confiant dans des annonces pompeuses, le public anglais se laissa prendre à ces paroles dorées; des fonds confiés à M. Winsor lui permirent de construire une usine, de planter d'élégants candélabres en fonte dans Pall-Mall et dans tout le voisinage du palais de Saint-James. Jamais les nuits d'Angleterre n'avaient brillé d'un si prodigieux éclat; Londres en fut émerveillée. Mais ce ne fut qu'un feu de paille. Dès 1809, la compagnie Winsor s'arriérait tous les jours. Les beaux résultats tant prônés s'en allèrent en fumée, et peu à peu s'éteignit dans l'ombre et le silence la société qui s'était, dans son orgueil, intitulée tout d'abord *Compagnie nationale de lumière et de chaleur.*

Chez nous, une issue pareille eût été probablement l'arrêt de mort du *gaz-light*[1]; une compagnie nouvelle se fût difficilement élevée sur les débris d'une compagnie en déconfiture. Téméraires sur le champ de bataille, nous sommes au dernier point timides en spéculations commerciales; ardents à détruire, dès qu'il s'agit d'édifier, le premier obstacle nous arrête. Si des Français seuls avaient entrepris la tour de Babel, Dieu n'aurait pas eu besoin de confondre leur langage; pour interrompre l'audacieux travail, la chute d'un échafaudage, une fournée de briques manquée eût suffi. En Angleterre, au contraire, qu'un soldat tombe sur la brèche industrielle, un nouveau lui succède aussitôt. Dans cette énergique race anglo-saxonne existe un esprit de persévérance qui défie tout obstacle matériel. Lutter contre la nature est son lot; un besoin impérieux d'occuper son génie mécanique, d'exercer ses forces musculaires, l'agite et la tourmente incessamment. Dans sa jeunesse, l'Anglais conçoit un plan, ce plan croît et vieillit avec lui; il le mûrit, l'accomplit ou meurt. Que de bonne heure, au con-

[1] *Gaz-lumière*, expression consacrée par les Anglais et admise en France aux honneurs de la naturalisation.

traire, il ait atteint son but, son ambition n'est pas pour cela satisfaite; sans perdre de temps, il court vers un but nouveau, ne se permettant dans sa course ni un jour de repos pour renouveler ses forces ni un moment de halte pour reprendre haleine. Riche à souhaits, garçon sans famille, le front couvert de cheveux blancs, l'un d'eux, chef actif, malgré son âge, d'une importante manufacture qu'il avait héritée de son père, le fils du célèbre James Watt disait un jour : « Vous, Français, je l'ai vu, vous travaillez la « veille pour vous reposer le lendemain; nous, Anglais, nous tra- « vaillons pour travailler, et quand la mort nous surprend, c'est « toujours le marteau ou la navette en main. »

La ruine de la compagnie Winsor n'effraya donc pas de nouveaux entrepreneurs. M. Gregory, simple particulier de Londres, résolut de fonder une nouvelle société pour l'éclairage au gaz. Sans adresser aucun prospectus, discrédité d'avance, il opéra parmi ses amis le placement de ses actions, et, par suite d'arrangements avec M. Murdoch, il obtint en 1812 pour sa compagnie, dont M. Accum fut nommé directeur, un privilège pour vingt et un ans.

C'est donc de 1813 que date en Angleterre l'admission incontestée du gaz de la houille comme élément d'éclairage public. Chaque année qui suivit apporta au système Murdoch son tribut de perfectionnement.

La France, de son côté, sans avoir autant fait que l'Angleterre, peut revendiquer quelques-unes des améliorations apportées à la production du *gaz-light*. Nous citerons comme une des plus importantes celle du *gazomètre-télescopique*, inventé en 1817 par un célèbre ingénieur-mécanicien, M. Philippe Gengembre. Le gazomètre-télescopique, ainsi nommé à cause des différentes parties qui le composent et se développent comme les tubes d'une lunette d'approche, a surtout l'avantage d'être moins dispendieux et moins encombrant que le gazomètre primitif. Perfectionné en Angleterre par M. Tait, de Londres, il est aujourd'hui adopté dans la plupart des établissements d'éclairage.

A l'instar de la capitale, les principales villes du Royaume-Uni s'empressèrent à l'envi d'introduire dans leurs murs l'heureuse innovation. En 1822, on comptait déjà dans Londres 7,268 candélabres pour l'éclairage des rues, et plus de 61,000 becs dans les maisons particulières alimentées par le gaz. Le problème était dès lors résolu. Aujourd'hui la quantité de lumière fournie par le procédé Murdoch est incalculable : à peine trouverait-on dans la Grande-Bretagne une ville de 2 à 3,000 âmes qui n'ait pas son gazomètre.

Revenons à M. Winsor. Cet entreprenant personnage, voyant sa chance épuisée à Londres, passa le détroit et vint, en 1816, chercher fortune à Paris. Instruit par l'expérience, il fit connaître en France l'industrie nouvelle avec toutes les améliorations dont elle s'était successivement enrichie.

Malgré sa bonne volonté, Paris ne s'est décidé que lentement à l'adoption du *gaz-light;* pendant quelques années, on n'a pu s'y faire une idée de ce qu'était cette lumière merveilleuse que par les quelques aigrettes pâles et chétives qui brûlaient silencieusement le soir à la porte d'un petit café borgne de la place de Grève. Le propriétaire de cet établissement, fondant l'espoir de sa fortune sur un système d'éclairage peu connu, avait, après s'être pourvu des appareils nécessaires, décoré son estaminet du titre de *Café du Gaz.* Peu à peu cependant l'hydrogène bicarboné étendit ses empiètements; des boutiques et des galeries-passages, de l'hospice Saint-Louis, qui avait eu son gazomètre privé en 1821, il pénétra dans les théâtres; quelques parties des boulevards en furent successivement éclairées; bientôt après le Palais-Royal brillait chaque soir de mille feux, dont l'aliment lui arrivait, sous le pavé de Paris, par mille canaux de fer fondu. Aujourd'hui, dans tous les quartiers, les plus élégants candélabres du gaz ont détrôné l'antique réverbère, et le nouveau système a supplanté l'ancien dans toute la capitale, d'où graduellement il s'est répandu sur la province. La plupart des villes des départements ont leurs rues éclairées par l'hydrogène bicarboné.

Pour terminer ce que j'avais à dire sur le gaz de la houille, j'ai passé légèrement sur l'hydrogène carboné extrait des substances grasses ou résineuses : j'y reviens. En France, nos organes, plus délicats, blessés, au foyer de l'Opéra aussi bien qu'au parterre des Italiens, d'une odeur sulfureuse et perfide, ont, en dépit d'un prix plus élevé, préféré, en nombre de circonstances, le gaz extrait de l'huile. Mais celui-ci ne se transmettant guère de l'usine au consommateur par voie souterraine, sous le nom de *gaz portatif* comprimé il fut, chaque matin, enfermé dans des cylindres de fer battu, vrais gazomètres ambulants, et transporté à domicile. Comme il n'était guère possible cependant de vivre en paix dans le voisinage de cette manière de bombe chargée à grands efforts de piston jusqu'à 25 et 30 atmosphères, et toujours menaçant d'éclater, le public prit ombrage, et aurait fini, en dépit de ses qualités inodores, par renoncer au gaz extrait de l'huile, si M. Houzeau-Muiron, de Reims, n'avait découvert le moyen d'établir dans chaque maison, à peu de frais, et sans trop d'embarras, un réservoir permanent qu'on remplit chaque jour de ce gaz non comprimé. Aujourd'hui ce nouveau gaz accapare peu à peu l'éclairage des intérieurs, tandis que pour l'illumination extérieure des cours et des escaliers, des quais, des places et des rues, le gaz de la houille conserve par son bas prix un avantage incontestable.

L'ÉTHÉRISATION

« C'est une œuvre divine d'apaiser la douleur, » a dit Hippocrate. En exprimant cette pensée, le père de la médecine ne songeait qu'aux vains palliatifs employés de son temps pour atténuer les effets de la douleur, mais il ne pouvait songer à la brillante découverte qui devait un jour changer avec tant d'avantage les procédés de la chirurgie. L'éthérisation, en effet, c'est-à-dire l'abolition momentanée de la sensibilité par l'inhalation de vapeurs d'éther ou de chloroforme, est une découverte qui a dépassé par ses résultats les rêves les plus audacieux.

Cette découverte est due à un docteur américain, Charles Jackson. Reçu docteur en médecine à l'université de Harward, en 1829, Jackson, qui connaissait les expériences de Davy sur le gaz hilarant (protoxyde d'azote), et l'ivresse particulière occasionnée par les vapeurs d'éther, essaya sur lui-même l'action de l'éther, et reconnut que son inspiration, faite avec les précautions nécessaires, ne s'accompagne d'aucun danger, et que l'ivresse éthérée apparaît rapidement et disparaît avec facilité ; il mit à peu près hors de doute ce fait capital, assez vaguement aperçu jusque-là, qu'une insensibilité générale ou locale est la conséquence de cet état particulier de l'économie. Ces faits, qui appartiennent en propre au docteur Jackson, permettent de le considérer comme le véritable fondateur de la méthode anesthésique.

Au mois de septembre 1846, Jackson communiqua toutes ses idées à ce sujet à un dentiste américain, William Morton, et l'engagea à tenter des expériences pour tirer parti de l'abolition de la sensibilité par l'éther. Le même jour, Morton ayant fait respirer de l'éther à un de ses clients, put lui extraire une énorme dent barrée qui tenait par de fortes racines, sans que le patient trahît la moindre douleur. Du cabinet du dentiste l'éthérisation ne tarda pas à passer dans les hôpitaux : le 14 octobre de la même année, une mémorable expérience fut faite par le docteur Warren en présence de tous les élèves de la faculté de médecine et d'un grand nombre de praticiens de Boston, et une tumeur volumineuse fut enlevée du cou d'un malade au milieu d'une insensibilité complète. Cette admirable découverte, saluée par les acclamations des assistants, passa aussitôt en Europe.

A l'éther sulfurique, qui produit toujours chez le malade une certaine irritation nerveuse, on ne tarda pas à substituer le chloroforme, composé qui se rapproche des éthers, et qui a été découvert en 1830 par M. Soubeiran. La découverte des propriétés anesthésiques du chloroforme est due à M. Simpson, chirurgien d'Édimbourg. Quelle que soit l'action stupéfiante de l'éther, elle est encore dépassée par celle du chloroforme. Avec ce nouvel agent, au bout d'une minute d'inspiration, le malade tombe frappé de l'insensibilité la plus profonde, et les opérations les plus douloureuses peuvent être exécutées au milieu d'une mort apparente.

Malgré les bienfaits de la méthode anesthésique, quelques accidents graves sont venus refroidir le public. L'éther ou le chloroforme ne doivent être employés qu'avec une certaine prudence et selon les règles de la science, car en éteignant la sensibilité on pourrait en même temps éteindre la vie.

LES FLEURS ARTIFICIELLES

Cet art n'est pas nouveau. Il y a longtemps qu'on fabrique des fleurs artificielles à la Chine. Les fleurs des Chinois ne sont ni de soie, ni d'aucune espèce de fil, de toile ou de papier, mais de la moelle d'un arbrisseau qu'ils coupent par bandes aussi fines que celles de parchemin ou de papier. L'art de placer des bouquets naturels ou artificiels dans la coiffure des dames était connu des modistes d'Athènes et de Rome. Pline attribue cette découverte au peintre Pausanias, qui s'étudiait à reproduire sur la toile et bientôt en véritables fleurs artificielles découpées et peintes les bouquets composés par la bouquetière Glycère.

Les Italiens ont excellé longtemps avant nous dans la fabrication des fleurs artificielles; ils se servaient de ciseaux et non de fers à découper, invention moderne qui est due à un Suisse. Ce ne fut qu'en 1738 que Seguin, natif de Mende, commença à faire à Paris des fleurs artificielles qui rivalisaient avec celles de nos voisins. Il en fit même à la manière chinoise, avec de la moelle de sureau; il confectionna encore le premier des fleurs en feuilles d'argent coloriées pour l'ajustement des dames. De nos jours, cet art a acquis le plus haut degré de perfection par l'ingénieuse imitation de la nature.

Nos essais ont commencé par l'emploi de rubans de diverses couleurs qu'on faisait et qu'on assujettissait sur des fils de laiton, de manière à reproduire grossièrement le contour des fleurs. Sont venues ensuite les plumes, matières plus souples, plus délicates, mais qui ont offert de grandes difficultés pour les teindre de diverses couleurs. L'adresse seule des sauvages de l'Amérique surmonte cet obstacle, car ils font avec des plumes des bouquets admirables.

Les Italiens, en se perfectionnant comme nous, ont employé des cocons de vers à soie et de la gaze d'Italie. La première matière est préférable en ce qu'elle n'est pas hygrométrique et qu'elle conserve longtemps les couleurs dont on la teint; on a presque renoncé à la seconde : ses couleurs n'ont pas assez d'éclat et ne sont pas assez brillantes.

En France, on a, en définitive, donné la préférence à la batiste et au taffetas de Florence. Avec la batiste la plus fine on fait les pétales; et avec le taffetas, les feuilles. On fait aussi des fleurs : 1° avec le fanon de baleine, que M. de Bernardière est parvenu à réduire en feuilles légères et à décolorer complètement, de manière à le rendre blanc mat pour lui donner ensuite telle couleur qu'il désire; 2° avec des coquilles; mais leur lourdeur les a fait rejeter, et elles ne sont plus que des objets de curiosité; 3° avec de la cire : elles ne sont pas en manufacture; le débit n'en serait pas assez considérable : cette branche d'art n'est cultivée que par quelques dames; mais elles l'ont poussée à un très haut degré de perfection. Les fleuristes les plus adroits s'y méprennent, et, à moins d'y toucher, il est impossible de distinguer ici le produit de l'art de celui de la nature.

Les villes où l'on fabrique les fleurs avec le plus de perfection sont Paris et Lyon. Les plus belles sont expédiées en Russie, les plus communes en Allemagne.

Pour fabriquer des fleurs on prend de la batiste la plus fine, on la soumet à la presse, on la calandre pour diminuer le grain, et l'on n'y passe jamais de gomme. Les pétales se peignent à la main. On les découpe avec des emporte-pièces qui varient de grandeur.

LES FOURRURES

Le pays qui abonde le plus en animaux à riches fourrures est un vaste territoire s'étendant de la baie d'Hudson aux rives de l'océan Pacifique, et des frontières des États-Unis à la mer Arctique : région hérissée de montagnes et de rochers sourcilleux, sillonnée de fleuves et de torrents, couverte de lacs profonds et de forêts séculaires, peuplée d'animaux sauvages, parmi lesquels l'ours, le bison, l'industrieux castor, l'élan et le blaireau, excitent la convoitise du chasseur. C'est cette immense étendue de pays qu'exploite la compagnie de l'Hudson.

C'est une industrie bien aventureuse que celle des fourrures. Pour orner la longue robe de quelque mandarin chinois, pour flatter les caprices d'une petite-maîtresse qui, en roulant son boa autour de son cou, ne se doute guère des périls affreux qu'on a dû surmonter pour conquérir ce futile objet de toilette, il faut que des hommes intrépides s'enfoncent dans des forêts impénétrables, vivent des années entières au milieu des glaces pendant l'hiver, des insectes malfaisants pendant l'été, tantôt dirigeant de nombreux canots dans l'intérieur du pays, établissant des tentes sur les bords d'un lac ou d'une rivière, sans cesse en quête du gibier qui doit soutenir leur existence ; enfin passant les temps les plus durs de l'année dans les forts, où, lorsque la chasse a été mauvaise, ils sont réduits à mourir en quelque sorte de faim.

La compagnie de l'Hudson fut investie, en 1670, du privilège exclusif de commerce avec les Indiens du nord et de l'ouest de la baie. Mais le Canada fut, pendant près d'un siècle encore, colonie française ; les Canadiens français continuèrent donc le commerce des fourrures avec les indigènes. Les *coureurs de bois* (c'est ainsi qu'on les appelait), race entreprenante, infatigable, s'aventuraient sans crainte dans les bois, au milieu des peuplades indiennes, se pliant peu à peu aux mœurs grossières de leurs compagnons, s'habituant à leur langage; quelques-uns s'unissaient avec les naturels par les liens du mariage, ou se faisaient adopter par des familles indiennes, de telle sorte qu'à la fin les rives lointaines du lac Supérieur et du lac des Bois leur furent aussi connues que les environs de Montréal. A cette époque, d'abondantes moissons de fourrures les dédommageaient de leurs fatigues, quoiqu'en général ce fussent des marchands de Montréal, gens vivant tranquillement chez eux, qui fissent les bénéfices les plus considérables et les plus sûrs; en effet, les *coureurs*, en acquérant les qualités distinctives des Indiens, contractaient aussi leurs défauts; ils se laissaient surtout aller à une imprévoyance extrême. Un hiver suffisait pour dissiper les bénéfices de deux ou trois campagnes laborieuses, et quand la saison de la chasse arrivait, il fallait reprendre la route des grands bois.

La vie vagabonde des *coureurs* était peu propre à perfectionner leurs qualités morales et celles de leurs compagnons, les Indiens. Impatients de convertir les naturels à la foi chrétienne, les missionnaires lazaristes suivirent la trace des *coureurs de bois* dans les steppes immenses où ils erraient; quelques-uns s'établirent jusqu'à 300 myriam. des colonies anglaises. Ces apôtres intrépides s'habituèrent à la vie sauvage, se firent les compagnons des hommes dont ils avaient résolu la conversion. Leur présence au milieu des chasseurs avait l'heureuse influence d'intimider les vices de ces hommes à demi barbares. La conséquence inévitable de la conduite paternelle des missionnaires et des relations continuelles des *voyageurs* avec les Indiens, fut que la domination française acquit sur les indigènes une force que l'Angleterre a détruite à peine depuis qu'elle possède le Canada.

Avant l'expulsion des Français de ce pays, les chasseurs poussaient leurs excursions jusqu'aux bords du Saskatchewan; deux d'entre eux avaient tenté même de franchir les montagnes Rocheuses pour atteindre les rives de l'océan Pacifique. Quant à la région septentrionale, elle ne fut pas entièrement explorée; elle était considérée comme formant le territoire de la compagnie de l'Hudson. Après la conquête du Canada par l'Angleterre, le commerce des fourrures prit un nouvel essor; mais d'abord les excursions des chasseurs anglais se renfermèrent dans les limites du lac Supérieur; un d'eux cependant s'avança avec quatre petites embarcations jusqu'au fort Bourbon, ancien poste français situé sur le Saskatchewan. Le succès de cette tentative amena plus tard la réunion de tous les marchands de fourrures. Cette association prit, en 1783, le nom de *Compagnie du Nord-Ouest*.

Cette compagnie établit une communication entre Montréal et ses stations lointaines par la construction du fort William. Ce lieu de rendez-vous, ouvert aux chasseurs, devint bientôt un vaste établissement. Le régime du fort était celui d'une caserne; les chefs d'expéditions faisaient les fonctions d'officiers; les commis, de sous-officiers ; les Français et les Indiens composaient le corps de troupes.

La route par l'Ottawa était la plus suivie jusqu'en 1821, c'est-à-dire avant que le fort William eût perdu, par la réunion des compagnies du Nord-Ouest et de l'Hudson, son titre et ses privilèges de capitale du désert.

Dans les premiers jours de mai, époque où le Saint-Laurent est ordinairement débarrassé de ses glaçons, on réunissait les canots par escadrille, dans la baie de la Chine, à l'extrémité de l'île de Montréal.

Les marchandises destinées aux échanges une fois empilées dans les barques avec le biscuit, la viande de porc et les pois secs, les *voyageurs* se tenaient prêts à partir. A un signal convenu, tous les canots quittaient la rive à force de rames, au bruit des refrains français entonnés par la voix rude des mariniers. La troupe se dirigeait d'abord vers la rive nord du Saint-Laurent, à l'endroit où l'Ottawa, après avoir traversé le lac des Deux-Montagnes, vient mêler ses eaux à celles du grand fleuve. Ce lac des Deux-Montagnes a vingt milles de long sur trois de large ; à son extrémité, il se resserre et redevient l'Ottawa ; sept myriam. plus loin, on trouve une série de *rapides* d'une grande violence. Là commençaient les terribles obstacles contre lesquels les *voyageurs* avaient à lutter dans leur pénible excursion. Pendant seize à dix-huit jours, ils faisaient environ 280 milles, tantôt remorquant les embarcations, les marchandises sur le dos, tantôt portant bateaux et provisions comme des bêtes de somme.

L'endroit où aboutissait la première de ces opérations s'appelait les *décharges ;* celui où les barques et le chargement étaient tirés du fleuve pour être transportés à force de bras se nommait *portage.* Ils quittaient ensuite l'Ottawa pour suivre une autre rivière, qui, après un second *portage,* les jetait dans le lac Nippissing : de là un cours d'eau entrecoupé de nombreux rapides les menait dans la partie supérieure du lac Huron ; enfin ils entraient dans le lac Supérieur, dont ils longeaient la rive jusqu'à ce qu'ils atteignissent le fort William. Telle est encore à peu près la marche des convois.

Le moment de l'arrivée de cette expédition est combiné de manière à coïncider avec le retour au fort des *hiverniers,* qui, selon les règlements, ont passé tout l'hiver à la chasse, et viennent se faire relever par une troupe nouvelle. Si les cargaisons de fourrures que ces hiverniers apportent de l'intérieur sont abondantes et belles, la scène des échanges est des plus animées. C'est un spectacle curieux que de voir ces hommes à figures sauvages défaire leurs ballots de fourrures, étaler fièrement leur butin, faire le compte de ce qui leur est dû, recevoir leur salaire, contracter un nouvel engagement, et s'entretenir familièrement avec leurs patrons. Après dîner, propriétaires et commis, interprètes et guides, se réunissent dans la grande salle, et célèbrent par de copieuses libations l'heureux succès de la campagne; quant aux Indiens et aux *voyageurs canadiens*, c'est dans la cour et en plein air qu'ils prennent leurs ébats. Les spéculateurs venus de Montréal prêtent une oreille attentive au récit des aventures des chasseurs, et ces récits sont toujours empreints d'un intérêt saisissant et qui impressionne au plus haut point les auditeurs. Un Anglais qui se trouvait au fort William en 1817, au moment d'une de ces joyeuses réunions, assure que la troupe des chasseurs nomades se composait d'Anglais, d'Italiens, d'Irlandais, de Danois, d'Écossais, de Suisses, de Français, d'Allemands, d'Américains, d'Africains et de créoles de sang mêlé. D'après ceci on peut se faire une idée de la variété de physionomie et de langage qu'offrent ces singulières assemblées.

Les animaux auxquels on fait la guerre la plus acharnée dans le nord de l'Amérique sont les ours de diverses couleurs, plusieurs variétés de renards, les castors, les blaireaux, les lynx, les muscs, les lapins, les lièvres et les écureuils.

Le bison n'est pas épargné par les chasseurs, qui vendent sa chair et sa peau. La fourrure du renard noir est la plus estimée; celle du renard rouge est exportée en Chine, où on l'emploie en garnitures et même en robes qu'on décore de la fourrure noire des pattes de cet animal. On trouve quelquefois des peaux d'ours et de renards blancs des régions arctiques dans les ballots envoyés en Europe par les tribus indiennes les plus septentrionales.

La valeur qu'on attachait jadis à la fourrure de l'ours noir occasionna un ravage effroyable parmi ces animaux; ajoutons que la chair de cette espèce d'ours est très estimée des Indiens et des *voyageurs canadiens*. En 1783, on importa en Angleterre 10,500 peaux d'ours noir; en 1803, 25,000; depuis cette dernière époque, une grande diminution s'est fait sentir dans le chiffre de leur importation; aujourd'hui l'on peut cependant avoir pour 70 francs une peau d'ours noir qui eût coûté autrefois jusqu'à 100 francs.

Mais de tous les animaux que poursuit la fureur des chasseurs canadiens, c'est le castor qui a le plus souffert. En 1788, plus de 170,000 peaux de castors furent exportées du Canada; en 1808,

Québec en envoya en Angleterre 126,927. La valeur de ce dernier envoi fut estimée à environ 2,974,850 francs. Cette quantité prodigieuse de fourrures n'avait pu être amassée qu'au prix d'une extermination générale de ces animaux; aussi, depuis 1810, la peau de *coypu*, tirée de l'Amérique méridionale, remplace, pour les besoins de l'industrie, la peau de castor, devenue rare et fort chère.

Pour se faire une idée des ravages que les carabines meurtrières des chasseurs font de tous les animaux de certaines parties du globe, il faut avoir sous les yeux le curieux tableau des importations de leurs peaux en Europe pendant une seule année; nous prendrons au hasard, par exemple, l'année 1835. On y a donc importé 15,041 peaux d'ours; 18,374 de loutres; 88,400 de castors; 150,954 de martes; 339,683 de veaux marins; 557,600 de coypus, et enfin 1,171,659 de muscs.

LA GALVANOPLASTIE

La galvanoplastie, qui forme aujourd'hui une industrie très importante, est une découverte moderne et l'une des applications les plus ingénieuses et les plus utiles de la pile voltaïque. On donne ce nom à un ensemble de moyens qui permettent de précipiter sur un objet, par l'action d'un courant galvanique, un métal en dissolution dans un liquide, de manière à former à la surface de cet objet une couche continue qui représente exactement tous les détails, même les plus délicats, de l'original.

On sait que la pile électrique, découverte par Volta au commencement de notre siècle, a une propriété très remarquable, c'est de décomposer chimiquement les substances soumises à son action. Ainsi la dissolution d'un sel métallique, soumise à l'influence de la pile, se trouve aussitôt réduite en ses éléments, de telle sorte que le métal vient se déposer au pôle négatif. Tel est le point de départ de la galvanoplastie.

En 1837, un jeune physicien anglais, Thomas Spencer, faisait agir une petite pile à un seul couple voltaïque formé d'un disque de cuivre plongé dans une dissolution de sulfate de cuivre, et uni par un fil métallique à un disque de zinc plongé dans une dissolution de sel marin; il remarqua que le cuivre de la dissolution, en se réduisant et en se déposant sur l'élément négatif, reproduisait exactement les moindres sillons, les moindres aspérités de la surface métallique sur laquelle il se déposait. Une pièce de monnaie, soumise à cette action, donna une contre-épreuve d'une merveilleuse fidélité. Après une telle observation, la galvanoplastie était créée. En effet, après avoir moulé en creux des médailles et des monnaies, Spencer se servit de ces moules pour obtenir des contre-épreuves qui étaient les *fac-similé* parfaits de l'original.

A la même date, le physicien Jacobi, en Russie, faisait la même découverte. En étudiant le mode de formation des dépôts métalliques par la voie de la pile, il soumit à l'action des courants électriques des plaques de métal sur lesquelles on avait tracé au burin des figures et des caractères; la décomposition du sulfate de cuivre donna naissance à des dépôts de cuivre qui offraient en relief l'empreinte exacte du dessin gravé en creux sur l'original.

Depuis ces premiers essais, exécutés en 1837, la galvanoplastie a fait de très grands progrès et a reçu les applications les plus diverses. Grâce à ces procédés, on reproduit les monnaies, les médailles, les cachets, les timbres et les sceaux avec une exactitude parfaite; l'on recouvre de cuivre une statuette, un groupe ou tout autre objet moulé en plâtre. Mais ce ne sont guère là que des expériences curieuses. La galvanoplastie fournit à l'art du fondeur des applications d'une tout autre importance. Au lieu de fondre un objet en métal par les procédés ordinaires, on obtient un moule de plâtre en creux qu'on métallise par une mince couche de plombagine, et on soumet ce moule à l'action d'une pile dans un bain de sulfate de cuivre; le cuivre se dépose, et quand la couche est d'une épaisseur suffisante, on enlève le moule qui laisse à découvert l'objet parfaitement reproduit. Les statuettes, les bas-reliefs, les diverses figurines métalliques qu'on trouve dans le commerce, sont obtenus par les mêmes moyens.

La dorure et l'argenture galvaniques ne sont qu'une application des procédés de la galvanoplastie; seulement, au lieu des sels de cuivre, on emploie des sels d'or ou d'argent qu'on fait réduire par l'action de la pile. Ces procédés, appliqués pour la première fois d'une manière pratique en 1841 par MM. de Ruolz et Elkington, constituent aujourd'hui une très grande industrie.

LA MANUFACTURE DES GOBELINS

Dès le XIVe siècle, il existait sur les bords de la Bièvre plusieurs établissements de teinturiers en laine. L'un d'eux, nommé Jean Gobelin, y demeurait au milieu du XVe siècle; il s'était enrichi, et avait fait de grandes acquisitions sur les bords de cette rivière. Philibert son fils, et Denise Lebret, son épouse, continuèrent la profession de leur père, accrurent leur fortune et laissèrent des biens considérables : de-là la célébrité du nom de *Gobelin* donné au quartier. En 1655, un Hollandais appelé Gluck, et son maître ouvrier, Jean Liansen, fabriquaient des tapisseries de haute lice incomparables. En 1662, Colbert acheta leur établissement, le fit agrandir, et y appela les plus habiles artistes. Un édit royal de 1667 procura un état stable à cette industrie, et Lebrun en eut la direction.

Depuis ce jour la manufacture des Gobelins a subsisté en passant par toutes les phases possibles. Pendant l'empire et la restauration, elle était tombée presque dans l'oubli ; depuis 1830, on a fait toutes sortes d'efforts pour la relever et lui donner la vie, et rendre à cette manufacture son ancienne splendeur. Cent quarante artistes y travaillent continuellement, et l'on peut assurer que jamais, à aucune époque, autant de travaux n'ont été commandés.

Là tous les tableaux qui couvrent les murailles sont des tapisseries ; il y en a dès la porte d'entrée. Voici celles qui se trouvaient en œuvre lors de notre visite, qui remonte déjà à plusieurs années. Dans la pièce appelée *Salle d'attente* était une magnifique copie du tableau de Desportes représentant toutes sortes d'animaux ; en face, le Pierre le Grand de Steuben ; sur le côté, un tableau représentant la Vérité.

De là on entre dans une salle où sont placés les métiers n°s 1, 2, 3 et 4. — Le premier exécutait une copie du tableau de Meynier : les Honneurs rendus aux cendres de Phocion ; le deuxième et le troisième, des hauts de rideaux d'un travail prodigieux pour les croisées de la salle d'Apollon, aux Tuileries ; le quatrième, saint Pierre et saint Paul guérissant les boiteux, d'après les cartons de Raphaël.

La troisième salle contient les métiers n°s 6, 7, 8, 9, 10 et 11. — C'est là que s'exécutaient les copies du tableau de Steuben : le Temps découvrant la Vérité ; de Marie de Médicis au Pont-de-Cé, d'après Rubens ; de la Prédication de saint Paul, d'après Raphaël ; du Massacre des mameluks, d'après Horace Vernet.

On passe ensuite dans les salles qui contiennent les immenses métiers où se font les tapis de pied, dits de la *Savonnerie ;* dans le passage se trouvait un excellent tableau peint par Drouais, daté de Rome 1788 : ce tableau représente Philoctète sur son rocher.

Les premiers métiers que nous rencontrâmes étaient chargés

d'un énorme tapis destiné à la salle des concerts aux Tuileries; il avait 27 mètres de long. A côté se faisait un autre tapis, destiné à la salle du trône; et plus loin deux autres, destinés, l'un à la salle du conseil des ministres, l'autre à la bibliothèque de Saint-Cloud.

De là on revient par d'autres salles, où nous retrouvâmes encore une série de métiers exécutant de grands tableaux, parmi lesquels l'Enlèvement de Marie de Médicis, d'après Rubens; la Pêche miraculeuse, d'après Raphaël; la Famille de Darius aux pieds d'Alexandre, d'après Lebrun; les trois Parques filant la vie de Médicis, d'après Rubens; saint Paul refusant de sacrifier aux idoles, d'après Raphaël; la Conjuration des strélitz, par Steuben; l'Apparition du Christ, d'après Raphaël, etc.

Tels étaient les nombreux ouvrages en voie d'exécution lorsque nous parcourûmes cette célèbre manufacture; plusieurs étaient très avancés, d'autres ne faisaient que d'être montés.

Enfin on fait passer les visiteurs dans la pièce appelée *Salle d'exposition;* c'est là qu'on place les tableaux-tapisseries achevés. Voici ce que renfermait ce riche musée :

1° Henri IV recevant le portrait de Médicis, d'après Rubens; 2° Offrande à Vénus, d'après Mignard; 3° Entrée triomphante d'Alexandre dans Babylone; 4° Naissance de Louis XIII, d'après Rubens; 5° Mort de Méléagre, d'après Lebrun; 6° Fête du dieu Pan, d'après Mignard; 7° Apothéose de saint Étienne, par Mauzaisse; 8° Marie de Médicis sous l'habit de Bellone, d'après Rubens; 9° Naissance de Marie de Médicis, d'après le même; 10° Conclusion de la paix sous la régence de Marie de Médicis, d'après Rubens; 11° Henri IV recevant dans les champs Élysées Marie de Médicis, d'après le même; 12° Henri IV confiant le pouvoir à Marie de Médicis, d'après Rubens; 13° Mariage de Henri IV et de Marie de Médicis, d'après Rubens; 14° Chasse d'Atalante, d'après Mignard; 15° Réconciliation de Marie de Médicis avec son fils, d'après Rubens; 16° Mariage de Marie de Médicis à Florence, d'après Rubens.

L'imagination s'effraye quand on cherche à se rendre compte du temps et de la patience qu'il a fallu aux modestes artistes qui ont fait tous ces ouvrages, dont plusieurs sont immenses; pas un des tableaux que nous venons de citer n'a coûté moins de trois années de travaux. Que d'assiduité et de persévérance! Et, au bout de tout cela, on nomme l'artiste qui a peint le tableau; quant à l'artiste qui a fait le chef-d'œuvre d'art et de patience, il n'en est pas plus question que s'il n'avait jamais existé. Cela ne devrait pas être; on devrait permettre à celui qui a fait la tapisserie d'inscrire son nom à côté de celui du peintre ; ce serait sa récompense ou sa punition, selon qu'il aurait bien ou mal traduit son modèle.

La manufacture des Gobelins est un établissement qui fait l'admiration des étrangers, car il est sans rival au monde. Eh bien, les quatre cinquièmes des habitants de Paris ne savent même pas ce qu'on fait aux Gobelins.

LA HARPE

La harpe est un des premiers instruments dont l'homme se soit servi pour moduler ses soupirs, pleurer ses douleurs, calmer ses misères. Nous la trouvons d'abord en Phrygie entre les mains des prêtres, des guerriers et du peuple ; puis en Égypte, dans le sanctuaire des temples. David chanta ses cantiques en s'accompagnant de la harpe, et des milliers de voix se mêlaient aux sublimes accords de cet instrument. Plus tard, avec les invasions des barbares, la harpe pénètre dans les pays septentrionaux ; et dès le ve siècle de l'empire romain, nous voyons les chefs des druides conduire les armées, réchauffer le cœur des soldats en faisant vibrer sous leurs doigts les cordes de la harpe.

La harpe fut introduite par les Saxons en Angleterre ; elle y est devenue, comme on sait, un instrument national ; et il est probable que les Irlandais l'ont reçue dans le IVe ou Ve siècle de ces mêmes Saxons ou d'autres pirates venus des bords de la Baltique.

Après l'invasion danoise, cet instrument, dans sa forme primitive, fut remplacé par la harpe teutonique. La première était à vingt-quatre cordes ; les prêtres et les femmes l'employaient surtout pour accompagner les hymnes et les chansons. La harpe teutonique, beaucoup plus grande, avait des doubles cordes ; on en tirait un son âcre et criard qui faisait vibrer les cœurs les plus froids.

La fameuse harpe déposée dans le collège de la Trinité, à Dublin, est la plus ancienne de toutes celles qui sont parvenues jusqu'à nous. Elle avait, dit-on, appartenu à O'Brien, qui, après l'irruption danoise, avait rétabli le collège des bardes et fondé des académies qui existent encore. Cette harpe, en passant de main en main, est devenue en 1728 la propriété d'un certain William Coningham, qui l'a vendue au collège de Dublin, où elle est maintenant.

La harpe fut de tout temps un instrument si populaire en Angleterre, que Henri VIII l'adopta pour armoirie lorsqu'il fut proclamé roi d'Irlande.

La harpe ne date, dans les temps modernes, que de l'époque où elle reçut des pédales, inventées en 1720 par M. Horhbrucker; autrefois, bornée qu'elle était au seul ton dans lequel on la montait, on n'en pouvait tirer que des sons peu variés. Aujourd'hui que son ingénieux mécanisme donne les moyens de parcourir tous les tons du système musical, on en peut faire jaillir les effets les plus riches d'harmonie et tous les genres de modulations.

Voici les perfectionnements nombreux que cet instrument a reçus depuis le siècle dernier : MM. Ruelle et Cousineau lui ont ajouté, en 1720, des pédales pour le *piano*, le *forte* et le *pianissimo*. Thory, inventeur de la harpe d'harmonie, est parvenu à renforcer les sons. Le clavier qu'il y a ajouté produit l'effet du piano uni à la harpe. Un certain Ligth, à Londres, a trouvé ensuite le moyen de tirer de la harpe des demi-tons, non pas avec les pédales, mais par un mouvement particulier des doigts. Enfin Sébastien Érard est l'inventeur de la harpe à double mouvement, et c'est la seule dont se servent aujourd'hui les harpistes qui ont quelque célébrité. Cette harpe se distingue de toutes les autres en ce que l'on peut, avec la même pédale et à volonté, élever ou abaisser le diapason d'un demi-ton, et moduler ainsi sur tous les tons possibles.

On raconte comme il suit la circonstance par laquelle Érard fut conduit à cette découverte. Krumpholtz, connu pour la bonne exécution de ses compositions, avait introduit en France la mode de la harpe. Celles dont se servait ce harpiste illustre, et qu'on désignait sous le nom de harpes à crochets, étaient fort imparfaites sous le rapport du mécanisme. Ces défauts de construction inspiraient souvent à Krumpholtz du dégoût pour son instrument. Lié d'amitié avec Érard, il le pria de chercher quelques moyens pour les corriger. Celui-ci y réfléchit longtemps ; des idées nouvelles lui vinrent, et il s'occupa de tracer le plan d'une harpe conçue sur un principe tout à fait nouveau. Pendant qu'il était occupé de ce travail, Beaumarchais vint le voir. Cet écrivain, qui a fait de son Figaro un musicien habile, jouait de la harpe et connaissait la mécanique, étant fils d'un horloger, et ayant lui-même exercé cet état. Il voulut empêcher Érard de réaliser son projet, l'assurant qu'il n'y avait rien à faire à la harpe, qu'il s'en était occupé, et n'avait rien pu trouver de mieux que ce qui existait. Heureusement Érard ne se laissa pas persuader; il était sûr de lui-même, et bientôt i fut en état de répondre complètement aux désirs de Krumpholtz. Mais la harpe à double mouvement n'était pas encore trouvée ; Érard n'était que sur la voie de cette utile découverte. En 1800, il en avait construit une à Londres sur un principe curieux de mécanisme, mais qui offrait encore des inconvénients. Ce fut seulement en 1811 que parut la fameuse harpe qui était destinée à faire une révolution dans la musique de cet instrument. La peine que cette invention avait coûtée à Sébastien Érard est incroyable. On le vit pendant trois mois se livrer nuit et jour aux travaux les plus pénibles. Il ne se couchait pas, il ne se déshabillait pas, et ne dormait que quelques heures sur un fauteuil, lorsque son corps succombait sous le poids de la fatigue. Voilà dans quel état est la harpe aujourd'hui ; nous sommes loin de penser qu'elle ait atteint les dernières limites du perfectionnement.

Toutes les idées qui se rattachent à cet instrument sont élevées, grandioses comme lui-même. On connaît les merveilles racontées par les écrivains de l'antiquité au sujet de la harpe d'Éole, qui, exposée, dit-on, à un courant d'air, résonnait d'elle-même, et faisait entendre un délicieux mélange de tous les sons de la gamme diatonique, ascendants et descendants. En 1785, l'abbé Gattani eut l'idée de faire usage de cette harpe sur des proportions gigantesques. Il fit attacher quinze fils de différentes grosseurs à une tour, de la hauteur de cent mètres, qui se trouvait à la distance de cinquante mètres de son habitation, et forma ainsi une harpe *gigantesque* qui allait jusqu'au troisième étage de la maison vis-à-vis de la tour. Il l'accordait de manière à pouvoir exécuter de petites sonates. Bientôt Gattani découvrit que cette harpe pouvait servir à des observations météorologiques. Ainsi, avec des sons harmonieux, il était parvenu à prédire les divers changements de l'atmosphère.

La harpe, avons-nous dit, remonte à l'antiquité la plus reculée. Quoi de plus noble que ses arpèges si riches d'harmonie, et ses puissantes vibrations dans les cordes graves ! Cet instrument restera toujours l'expression de toutes les grandes et nobles pensées en musique. C'est parce qu'il s'y rattache des sentiments d'un ordre élevé qu'en Irlande le peuple en a fait son instrument de prédilection. Quand l'Irlandais n'a pas de pain à manger et que pour tout vêtement il ne lui reste que quelques lambeaux de toile, il se console avec la harpe de ses souffrances sans nom et de sa misère hideuse. D'harmonies en harmonies, sa pensée s'élève jusqu'aux cieux, et là il trouve le bonheur que les rois de la terre lui disputent. L'espérance est fille de l'harmonie, et l'espérance est le soutien de l'opprimé.

Si la harpe n'occupe en France qu'un rang secondaire, ce n'est pas à la nature de l'instrument qu'il faut l'attribuer, mais bien au petit nombre d'artistes qui s'en occupent.

INVENTION DE L'IMPRIMERIE

Les Chinois, sous l'empereur Wu-Wang, onze cents ans avant Jésus-Christ, employaient déjà, dit-on, l'imprimerie xylographique[1]. Les Japonais ont aussi des prétentions à cette découverte, et depuis longtemps ce mode d'impression est employé dans le Thibet, où le plus grand établissement de ce genre existe à Hlassa. De là ces imprimeries se sont étendues dans toute l'Asie centrale avec les prêtres de Bouddha. On a retrouvé de ces grandes officines jusqu'à Ablaikit au pied de l'Altaï, dans les déserts des Kirghises. Les relations que pendant le moyen âge le commerce avait établies avec le centre de l'Asie, ont-elles fourni à l'Europe quelques notions sur ce genre d'imprimerie : c'est ce qu'il est impossible de vérifier.

Déjà, en 1423, on avait une représentation de saint Christophe, avec deux lignes de texte allemand, gravées sur bois. Les Hollandais prétendent que Jansson, de Harlem, avait, en 1430, employé l'imprimerie xylographique.

Gutenberg naquit à Mayence en 1400. Vingt-quatre ans plus tard, il était fixé à Strasbourg, et il contractait en 1426, avec Dryssen, une association pour l'exploitation de son art secret. Il fit ainsi ses premiers essais à Strasbourg; mais il perfectionna ses procédés à Mayence, où, en 1442, il employa les lettres mobiles. Les caractères en bois furent remplacés par des caractères fondus, pendant qu'il était associé avec l'orfèvre Faust et le métallurgiste Schœffer. La première Bible latine ainsi imprimée doit dater de 1455. Après avoir reçu des titres de noblesse, Gutenberg mourut à Mayence, le 24 février 1468.

Il est difficile de discuter l'antériorité des différentes éditions de cette première époque, parce qu'en général elles ne portent pas de date. Le lieu de ces publications n'était pas indiqué, parce que les imprimeurs voulaient vendre ces exemplaires comme des ma-

[1] On entend par xylographie la gravure d'une page entière sur une planche en bois.

nuscrits; peut-être aussi craignaient-ils les persécutions des moines. En effet, les moines étaient les copistes de l'époque, et, ne pouvant se rendre compte de la conformité exacte de tous les exemplaires imprimés, ils attribuaient ce résultat au sortilège : ceux qui exerçaient cet art étaient donc accusés de pactiser avec le démon.

A peine inventée, l'imprimerie devient un besoin tellement général, qu'elle se répand en tous lieux. En 1457, Pfister établit une imprimerie à Bemberg. En 1462, des ouvriers de Mayence s'établissent en différentes villes de l'Allemagne et des autres États de l'Europe. En 1465, il y eut une imprimerie en Italie; en 1466, à Paris; en 1473, à Lyon; en 1475, en Hongrie; en 1476, à Westminster; en 1478, à Barcelone. Bref, en 1500, on comptait déjà plus de deux cents imprimeries en Europe.

Bientôt il s'en établit dans les autres parties du monde : l'Abyssinie en avait en 1521; Mexico, en 1569; Goa, en 1577; Lima, en 1590, et l'Amérique du Nord, en 1659.

De nos jours on pourrait se demander quels sont les pays où il n'y a pas d'imprimerie. Les Cherokees de l'Amérique impriment eux-mêmes les livres nécessaires à leurs écoles; les Hottentots ont à Kalvirer des presses pour la publication d'un journal.

Si l'écriture est un premier moyen de civilisation pour un peuple, celui qui le premier représenta nos pensées par des lettres dut sembler un dieu pour les hommes. Si la tradition écrite est bien supérieure à la tradition orale, quelle impulsion immense ne devait pas donner la tradition imprimée! Avec elle et par elle l'humanité entière marche, poussée par la réaction incessante des nations sur les nations, des siècles sur les siècles.

Toutes les grandes découvertes qui ont changé la face du monde, et qu'on dirait être une condition de son existence et une loi de son progrès, ont une origine inconnue ou incertaine, et le plus souvent désignée par un symbole, comme si l'humanité ne voulait pas qu'un homme se crût la puissance de modifier ou de précipiter les phases de son développement.

Quoique bien rapprochée de nous, l'invention de l'imprimerie présente déjà ce caractère. Faut-il en rechercher l'origine dans la Chine ou dans l'Asie; à Strasbourg ou à Mayence? Faut-il l'attribuer à Jansson, ou à Schœffer, ou à Faust, ou bien à Gutenberg? Gutenberg est ici la grande figure autour de laquelle viennent se grouper les divers personnages qui paraissent avoir concouru à cette découverte merveilleuse.

Laissons discuter mesquinement ceux qui voudraient bien

d'abord approfondir si Gutenberg était un enfant de Paris ou des bords du Rhin. Nous qui voulons le progrès en faveur de l'humanité tout entière, peu nous importe où naquit, où mourut Gutenberg; nous voyons ce grand nom éternellement inscrit sur un des jalons plantés sur la route où s'avancent les nations; le monde, les générations l'ont prononcé comme le symbole d'une découverte dont les résultats déjà immenses ne peuvent encore faire préjuger les conséquences futures.

LA LITHOGRAPHIE

La lithographie est une invention toute moderne : au commencement du XIXe siècle le nom même n'en était pas connu. Un pauvre auteur n'ayant pas de quoi faire imprimer ses ouvrages, car alors, comme aujourd'hui, il en coûtait fort cher pour se faire connaître au public, s'avisa de les imprimer lui-même.

Le voilà donc au travail pour imaginer un moyen de remplacer les caractères en fonte. D'abord il se servit de planches en cuivre sur lesquelles il écrivit avec une encre de sa composition; mais pour apprendre à tracer les lettres à rebours, il s'exerçait sur des carreaux de pierre calcaire de Kilheim, dont il polissait la surface.

Le papier lui manquant un jour qu'il envoyait du linge au blanchissage, il écrivit sa note sur un de ces morceaux de pierre avec son encre particulière. La pensée lui vint alors que ces pierres pourraient bien remplacer les planches de cuivre. Creusant aussitôt la pierre, au moyen d'un acide, autour des caractères qu'il venait de tracer, de manière à leur donner du relief, il essaya d'en prendre des empreintes successives, et réussit au delà de ses espérances.

Bientôt il réfléchit qu'il n'était pas nécessaire que les lettres fissent saillie. Les deux principes chimiques qui forment la base de la lithographie se révélèrent à lui, savoir : la propriété qu'a la pierre à chaux granulée et compacte de s'imbiber de graisse ou d'eau, et, d'autre part, l'antipathie qui existe entre la graisse et l'eau. Voilà comment, en 1796, Aloys Senefelder, de Munich, se trouva avoir inventé l'art si agréable et si utile de la lithographie.

Moyennant ces deux faits chimiques, on comprend tout le procédé. On trace un dessin sur la pierre avec un crayon gras, on lave la pierre avec de l'eau qui s'infiltre partout où le crayon n'a point touché; on passe enfin sur la pierre un rouleau cylindrique chargé d'encre à imprimer. Cette encre, étant grasse, s'applique et s'étend sur le dessin tracé par le crayon gras, tandis qu'elle est repoussée de toutes les parties que l'eau a pénétrées. On voit par là qu'une extrême simplicité d'appareil et une grande économie de temps et d'argent sont les principaux avantages de ce mode d'impression, aujourd'hui si populaire.

Un autre avantage, c'est de pouvoir reproduire le dessin même de l'artiste avec toue ses traits. Le dessinateur, au lieu de se servir de papier, trace ses esquisses et ses portraits sur la pierre, et il voit aussitôt reparaître son ouvrage dans son intégrité. Il ne craint pas qu'en passant par la main du graveur, comme autrefois, il perde quelque chose de sa beauté et de sa perfection.

Cependant, de même que plusieurs autres inventions non moins utiles et réservées comme elle à de belles destinées, la lithographie eut d'abord des obstacles à surmonter, des résistances à vaincre. Ses progrès furent lents et pénibles. Après avoir consacré trois ans à perfectionner sa découverte, Senefelder prit un brevet d'imprimeur en 1799, et s'associa un capitaliste pour établir et exploiter simultanément des imprimeries lithographiques à Vienne, à Paris et à Londres. Les essais furent généralement malheureux dans ces trois capitales. L'industrie naissante fut abandonnée après quelques tentatives qui avortèrent, soit par l'inexpérience des artistes, soit par l'insuffisance des fonds destinés à l'exploitation.

La lithographie, malgré ses éléments d'avenir, semblait ainsi condamnée à périr, lorsqu'un professeur de dessin de Munich, voulant multiplier à peu de frais les copies de ses modèles, se servit, en 1806, du procédé de Senefelder, le perfectionna et le mit en vogue. Bientôt la lithographie appliquée à la reproduction du dessin et de l'écriture devint populaire en Bavière, et lorsque Senefelder est mort, en 1834, il dirigeait à Munich une lithographie royale d'où était sortie une carte générale de la Bavière, et où s'impriment tous les actes officiels de l'administration du royaume. Son art, qu'il avait eu la douleur de voir échouer dans trois capitales, y avait pris une revanche éclatante.

Ravivé en France par MM. de Lasteyrie et Engelmann, le procédé lithographique fut adopté, en 1816, pour la publication des actes du ministère de la police. En 1818, il prit le plus grand essor en Angleterre, où il végétait depuis son importation.

Plus tard il pénétra en Russie. Maintenant enfin la lithographie est devenue vulgaire et usuelle comme la typographie et la gravure.

La *chromolithographie* est une dérivation de la lithographie ordinaire. C'est un procédé par lequel on imprime au moyen de la lithographie des dessins de plusieurs couleurs, de manière à reproduire, par exemple, des vitraux coloriés. On emploie à cet effet autant de pierres qu'il entre de couleurs dans le dessin; chaque pierre est enduite au rouleau d'une couleur particulière, et l'on fait passer successivement l'estampe sur chacune de ces pierres. La principale difficulté est dans le *repérage*, c'est-à-dire dans la coïncidence parfaite des parties du papier qui doivent recevoir une couleur déterminée, avec les parties correspondantes de la pierre. Senefelder avait lui-même tenté cette application de la lithographie; mais elle n'a obtenu un plein succès qu'entre les mains de MM. Engelmann, en 1837.

Il ne faut pas confondre la chromolithographie avec la typographie en couleurs, qui donne des résultats analogues pour l'impression des caractères, mais par l'emploi des procédés typographiques ordinaires : ce dernier genre d'industrie a été surtout perfectionné par M. Silbermann.

LE MAÏS

La patrie du maïs est tellement incertaine, qu'on se demande encore aujourd'hui si la plus belle, la plus féconde des graminées est originaire de l'ancien ou du nouveau monde. Sa découverte, selon les uns, se rattache à celle de l'Amérique; selon les autres, elle se lie à des temps plus reculés.

Tragus, le premier qui en ait parlé, écrivait en 1532, quarante ans après l'expédition de Colomb, que le maïs avait été apporté de l'Arabie Heureuse en Allemagne, et qu'on le nommait *blé d'Asie, gros blé*. Dix ans plus tard, Fuschius ajoute : « Ce blé est passé « d'Asie et de Grèce en Allemagne; et comme aujourd'hui les « Turcs cruels sont maîtres de l'Asie, c'est à raison du pays d'où « il a été tiré qu'on l'appelle *blé turc*. »

Plusieurs savants se fondent sur une charte du XIIe siècle pour assurer que le maïs était connu avant la découverte du nouveau monde. Selon cette charte, deux croisés qui avaient suivi Boniface, marquis de Montferrat, rapportèrent de l'Asie Mineure une espèce de grain *moitié blanc, moitié jaune,* qu'ils donnèrent aux habitants du bourg d'Incisa, dans le Haut-Montferrat. Les magistrats de ce bourg firent bénir sur les autels une production de la Grèce, qui devait augmenter un jour la richesse des campagnes d'Italie.

Un document non moins précieux est l'existence du maïs dans les ruines de Thèbes; M. Rifaud l'a découvert dans une hypogée qu'il fit déblayer en 1819. Ce maïs était dans un état de conservation remarquable.

Du reste, la dénomination de *blé de Turquie,* que le maïs reçut à l'époque de son introduction, n'indique guère mieux son origine que le nom de *grain sicilien,* qu'il porte en Toscane, tandis qu'on le nomme *blé d'Inde* en Sicile, *blé de Rome* en Lorraine, *blé d'Espagne* dans les Pyrénées, *blé de Guinée* en Provence.

Il est constant que les premiers navigateurs du nouveau monde racontèrent avoir vu, entre autres merveilles, un blé gigantesque, à la tige élégante, au grain doré : ce blé merveilleux était le maïs. Les Péruviens célébraient sa récolte par des solennités religieuses, dans lesquelles on suspendait des guirlandes d'épis au cou des idoles. A Cusco, où résidaient les Incas, les vierges du Soleil préparaient avec son grain le pain des sacrifices. Leur temple, lambrissé de plaques d'or, était couvert en chaume de maïs. On y vénérait des statues faites avec de la farine de maïs pétrie, que les prêtres distribuaient en parcelles au peuple rassemblé dans son enceinte. Toutes les populations au Mexique, au Pérou, dans les Antilles, se nourrissaient de cette graminée. Le maïs était le froment du nouvel hémisphère, et il y servait de monnaie ou de type d'échange lorsque les Européens abordèrent pour la première fois sur cette rive.

Mais s'il est certain que les naturels de l'Amérique cultivaient le maïs au temps de Christophe Colomb, il est également vrai que sa culture existe dans l'archipel Indien depuis un temps immémorial; de même, le maïs retrouvé dans les ruines de Thèbes est une relique précieuse qui prouve que ce végétal existait aussi de toute antiquité en Afrique.

Le maïs étant ainsi connu dès les temps les plus reculés dans l'ancien et dans le nouveau monde, il n'est pas improbable que des croisés l'aient importé de l'Orient au XIIIe siècle; mais les navigateurs qui découvrirent l'Amérique l'introduisirent de nouveau en

Europe deux siècles plus tard; et de cette dernière époque date l'extension donnée à sa culture.

Il est difficile de trouver une plante plus intéressante; il en est peu d'aussi belles et qui présentent des variétés plus nombreuses; ces variétés se multiplient à l'infini : on en compte vingt-quatre principales.

Le maïs possède cette organisation flexible qui distingue la famille des graminées. On le voit, sous les tropiques, croître à côté du manioc et du bananier, depuis le niveau de l'Océan jusqu'à des élévations qui égalent celles des Pyrénées. En Europe, il prospère sous le ciel de la Sicile, et il végète à plus de 670 mètres au-dessus de la mer.

Dans les contrées chaudes et humides de l'Amérique, comme en Égypte, on fait annuellement deux récoltes de maïs sur le même terrain; dans l'île de Cuba, on en obtient jusqu'à quatre. Dans l'Amérique du Sud, sa fécondité est surtout prodigieuse. Il y a des lieux où une mesure seule en donne jusqu'à 800; des terrains d'une fécondité ordinaire en rapportent, année commune, 3 à 400. Partageant avec la pomme de terre l'avantage de convenir à la table du pauvre comme à celle du riche, le maïs reçoit des préparations nombreuses. Dans quelques contrées de l'Amérique, les indigènes cueillent les épis naissants pour se nourrir du suc laiteux qu'ils contiennent, et font griller sur des charbons les épis mûrs.

En Italie et ailleurs, lorsque des intempéries ou la saison avancée n'ont pas permis au maïs de mûrir, on récolte les épis pour les faire cuire à l'eau. Les Indiens du nouveau monde préparent avec les semences à moitié mûres une espèce d'émulsion à laquelle ils ajoutent du sucre de canne et des aromates; les enfants, pour manger le maïs *grillé*, font éclater et épanouir ses grains en forme de fleurs, en les mettant sous la cendre ou en les exposant à la flamme d'une lampe; dans les îles Mariannes, les naturels font détremper le maïs dans de l'eau de chaux, pour le dépouiller de son épiderme et le réduire ensuite en gruau, à l'aide d'un pilon et d'un rouleau de pierre. Quelques peuplades d'Amérique font encore rôtir le grain de maïs jusqu'à ce qu'il passe à l'état de charbon, et après l'avoir pilé, elles le mettent bouillir dans des bassines pleines d'eau : cette eau noire fait leurs délices.

Dans les deux Amériques, chez les nègres de la côte d'Or, en Espagne, en Italie, dans le Béarn, les Landes et la Bresse, un grand nombre d'habitants emploient le maïs à faire du pain. Dans plusieurs vallées de la Savoie on confectionne du pain avec un quart de maïs et trois quarts de froment. Ce sont là des faits qu'on paraît encore ignorer de nos jours. La petite anecdote suivante le prouvera.

Il y a quelques années, une respectable académie de Paris (nous ne dirons pas laquelle, par esprit de charité) recherchait par quel procédé chimique on pourrait parvenir à la fabrication d'un pain de maïs quelconque. Tous ces savants regardaient un pareil résultat comme très difficile, sinon comme impossible. Certain député des Basses-Pyrénées, qui les voyait en peine, se vanta de résoudre le problème, et demanda quinze jours. Il écrivit tout de suite à Bayonne, et fit venir par la diligence une superbe panification de maïs, du poids de 15 kilos, qui fut solennellement déposée au secrétariat de l'académie. Convocation extraordinaire, cri d'admiration! La docte société décide à l'unanimité qu'une médaille sera décernée à l'inventeur, et sa découverte proclamée dans tous les journaux. « Messieurs, dit enfin le malicieux député, l'embarras est de savoir à qui la médaille doit être remise, attendu que, durant les trois quarts de l'année, les paysans de mon département se nourrissent avec ce pain, je ne puis dire au juste depuis combien de siècles. » L'académie, mordant ses lèvres de dépit, goûta non pas la plaisanterie, mais le pain de maïs; elle reconnut qu'il était bon, parfait. La mystification dont elle avait été l'objet valait beaucoup mieux encore.

Avec la farine de maïs, les Bourguignons font d'excellentes galettes qu'ils nomment *flamusses* ou *turquis*. Un des mets les plus estimés chez les naturels du Chili se prépare avec des grains de maïs encore tendres qu'ils broient entre deux pierres.

Soumis à la fermentation, le maïs donne une boisson nutritive, et peut remplacer l'orge ou le blé dans la préparation de la bière. Le breuvage ordinaire des naturels de l'Amérique, la *chica,* n'est autre chose qu'une espèce de bière préparée avec du maïs.

Avant l'arrivée des Européens, les Mexicains et les Péruviens exprimaient le suc des tiges de maïs pour en tirer du sucre. Ce ne fut que vers le milieu du siècle dernier qu'on tenta en Europe d'obtenir un pareil produit. Marabelli, en Italie, fut le premier à extraire des tiges vertes de cette graminée non seulement un sirop douceâtre propre à suppléer le miel, mais encore un sucre cristallisé difficile à distinguer du sucre de canne; plus tard Burger en Allemage, Deyeux en France, Pictet à Genève, arrivèrent tous à des résultats analogues, qu'on a dû abandonner depuis que la betterave offre à l'industrie un sucre plus abondant, d'une extraction plus facile, et semblable à celui des Indes.

Le maïs est aussi utile à la nourriture des animaux qu'à celle des hommes. On compte 14,000 mulets employés aux mines du Mexique et nourris toute l'année de grains de maïs. En Espagne, les mulets en font une égale consommation.

En 1799, lorsque les troupes austro-russes pénétrèrent dans le Piémont, leurs chevaux d'artillerie ne reçurent pour rations, en divers endroits, que du maïs en guise d'avoine. Dans certains cantons des Landes, quand les travaux sont un peu forcés, les paysans donnent une vingtaine d'épis à chaque bête ; les bœufs et les vaches mangent le grain et la rafle ensemble. Près de Naples, comme aux environs de Lima, on engraisse de la sorte les cochons jusqu'à ce qu'ils puissent à peine se remuer. Les oies, les poules, les pigeons sont avides de maïs ; c'est aussi cette graminée qu'on donne aux fameuses poulardes du Mans.

Dans l'économie domestique, le maïs est encore bien utile. Les feuilles mûries qui enveloppent son épi servent à faire des paillasses. On a déjà tenté de fabriquer du papier avec des feuilles de maïs. Cette plante fournit en outre une huile grasse, réputée excellente pour l'éclairage et pour la peinture. Avec ses spathes, on forme des nattes dont les habitants des Pyrénées font usage en guise de tapis de pied. Dans l'Amérique du Sud on en confectionne des chapeaux et des mantes. Avec les tiges entières on façonne des palissades ; et les pêcheurs, des petits radeaux supportés par des calebasses. Enfin les nègres en couvrent leurs cases, en font des corbeilles et divers ustensiles.

Le maïs est, comme on le voit, un des plus beaux produits du sol ; et cependant bien des personnes en ignorent l'utilité. Combien l'homme est peu sensible aux merveilles qui l'environnent ! Peut-on ne pas voir avec admiration ces plantes qui semblent se multiplier dans tous les usages auxquels on les applique ?

LA MOSAIQUE

La mosaïque, considérée comme genre de peinture applicable à la décoration, a dû sa naissance à la peinture elle-même, dont elle est l'imitation. La plupart des peintres, architectes et mosaïstes grecs l'employèrent dans les édifices et les maisons particulières.

Elle se compose de petits cubes de verre ou d'émail, de pierre de marbre et d'autres matières inaltérables et de différentes couleurs. Cet art, cultivé avec soin, prit une si grande faveur, que les artistes grecs les plus célèbres parvinrent à produire ainsi des tableaux magnifiques. Pline parle d'un certain Sosus de Pergame, qui excellait dans l'art de fabriquer les mosaïques. Suivant lui encore, ce fut au temps de Sylla que l'on fit à Préneste la belle mosaïque connue sous ce nom. En 1702, on découvrit à Pompéia plusieurs belles mosaïques faites par Dioscoride.

On s'occupa beaucoup de mosaïques dans le Bas-Empire et au moyen âge : l'empereur Justinien en fit décorer l'église Sainte-Sophie, à Constantinople; dans la suite elles servirent d'ornements aux églises chrétiennes; les autels, les dômes, les coupoles même et les portiques extérieurs étaient décorés de mosaïques représentant les sujets de l'Ancien et du Nouveau Testament; l'or y brillait de toutes parts; on avait trouvé le moyen de fixer une feuille d'or sur les cubes en verre. Les pavés, également ornés, figuraient les plus beaux tapis de l'Orient et les plus riches dessins des Arabes, qui, à ce que l'on croit, donnèrent les premières idées de ce genre. Les plus anciennes églises de Rome et de l'Italie renferment des mosaïques de la plus grande beauté et de toutes les époques depuis le commencement du christianisme.

La mosaïque fut pratiquée aussi avec succès en France. Fortunat de Poitiers parle de mosaïques représentant la vie de saint Hilaire, de saint Martin et de saint Ferréol, que Félix, évêque de Nantes, fit exécuter dans son église, consacrée à saint Pierre et à saint Paul. Grégoire de Tours fit l'éloge de la magnificence des autels en mosaïque qui ornaient l'église de Clermont, bâtie vers le milieu du ve siècle.

Dans le XIe siècle, l'abbé Suger fit exécuter en mosaïque le pavé du rond-point formant l'abside de l'église Saint-Denis; quelques fragments de ce pavé ont été recueillis en 1793, lors de la dévastation de cet édifice. Le travail en est grossier; ce qui prouve qu'à cette époque il y avait fort peu de bons mosaïstes. On cite les belles mosaïques de l'église d'Ainay, département de l'Allier, celles de Saint-Irénée à Lyon. Il existait aussi de belles mosaïques dans l'abbaye de Saint-Remi à Reims. L'emploi de la mosaïque cessa tout à coup en France.

A Rome, dans le siècle dernier, ce genre de décoration reprit faveur; plusieurs artistes s'en occupèrent, et les papes firent des dépenses considérables pour encourager les mosaïstes, qui produisirent des ouvrages merveilleux. Ils firent exécuter de la grandeur des originaux les plus beaux tableaux de Raphaël au Vatican, et ils les placèrent dans l'église Saint-Pierre, dont ils sont les plus précieux ornements. On y ajouta, dans ces dernières années, la répétition en mosaïque du célèbre tableau de Guerchin, *Sainte Pétronille*. L'art ne saurait aller plus loin. Il y a ici progrès immense dans un genre que nous avons imité des Grecs.

Enfin le gouvernement français, dans l'intention de rivaliser avec Rome dans ce mode de peinture, forma à Paris, sous le ministère de Chaptal, une école de mosaïque de jeunes sourds-muets. La direction de cette petite académie fut confiée à M. Belloni, artiste romain. En peu de temps ces jeunes infortunés, dirigés avec habileté, fabriquèrent des mosaïques pour les parures des femmes, qu'on put mettre en parallèle avec celles des fabriques italiennes. Au moment de triompher des difficultés que présente l'exécution des grandes pièces, l'école de Belloni fut supprimée. Plus tard, cette institution a été rétablie ; elle a pris même le titre de manufacture royale ; mais elle ne subsiste plus aujourd'hui.

LES NAVIRES DE L'ANTIQUITÉ

Quelque spacieux et splendides que soient aujourd'hui nos paquebots à vapeur, ils le cèdent certainememcnt encore en richesse, en grandeur, aux vaisseaux qui furent jadis construits par les rois d'Égypte et de Sicile.

Ptolémée Philopator fit construire un vaisseau qui avait 140 m. de long sur 18 de large, 24 de hauteur de quille en proue et 26 de quille en poupe. Ce monstre flottant avait quatre gouvernails de 20 mètres; ses plus longues rames étaient de 18 m. et avaient des manches de plomb, pour être plus facilement maniées par les rameurs. Le navire avait deux poupes et deux proues avec sept rostres ou éperons. A l'arrière et à l'avant étaient placées, comme ornements, des figures d'animaux qui n'avaient pas moins de 3 mètres de haut. L'intérieur était embelli de peintures délicates, la plupart en grisaille. L'équipage se composait de quatre mille rameurs, quatre cents esclaves et deux mille huit cent vingt marins pour faire la manœuvre, c'est-à-dire qu'il s'y trouvait environ sept fois plus de monde que sur un vaisseau de haut bord armé en guerre.

Le même Ptolémée fit bâtir un autre vaisseau, nommé *le Thalamégos*, ou chambre à coucher. Les dimensions de celui-ci étaient moins monstrueuses. Il n'avait que 106 mètres de long et 15 de large; mais sa hauteur, en y comprenant le pavillon construit sur le pont, était de 30 mètres. C'était un immense bateau plat fait pour flotter sur les basses eaux du Nil. L'ensemble avait un aspect majestueux et tout à fait royal. Les poupes étaient enrichies d'ornements de la plus grande beauté. Les deux poupes et les deux proues étaient très élevées, afin, dit-on, de mieux résister au courant. Au milieu du navire se trouvaient des salles à manger et des chambres embellies de tout ce que la richesse peut faire inventer pour satisfaire aux caprices d'une cour fastueuse. Tout le long des flancs et de l'arrière régnait une galerie à deux étages, de sorte qu'on avait près de deux hectares pour se promener. La galerie inférieure était un péristyle à jour; à l'étage au-dessus était comme une *véranda* indienne avec des fenêtres. On entrait dans la première par un vestibule d'ivoire et de bois précieux situé près de la poupe. La grande salle, tout environnée de colonnes, était ornée de lits de pourpre. Cette pièce était complètement lambrissée de cèdre et de cyprès de Milet. Les vingt portes par lesquelles on y arrivait étaient de bois de thuya incrusté d'ivoire. Les gonds, les anneaux, les verrous étaient en cuivre poli au point d'imiter l'or. Les fûts des colonnes, de cyprès, étaient couronnés de leurs chapiteaux, d'or et d'ivoire. Les poutres transversales étaient d'or ou du moins dorées, et au-dessus l'architrave était couverte de bas-reliefs d'une coudée de haut et du plus admirable travail; enfin le plafond, aussi en cyprès, était relevé par des ornements d'or.

Près de la grande salle, on voyait une chambre à sept lits, un peu plus loin l'appartement des femmes, consistant en une salle à manger tout aussi splendide, et une autre chambre de laquelle un escalier tournant conduisait à un temple de Vénus, où l'on admirait une belle statue de la déesse en marbre. En face, la salle du banquet, soutenue par des piliers de marbre le plus fin des Indes, surpassait en beauté tout ce que nous avons décrit, et n'était elle-même surpassée que par le salon de Bacchus, dont la richesse mettrait au défi la plus brillante description.

Sur le pont on avait élevé un magnifique pavillon en forme de tente. A ce pavillon étaient attachées des voiles de pourpre. De la petite cour en face, un escalier descendait à la galerie couverte et à une autre pièce décorée tout à l'égyptienne, c'est-à-dire entourée de colonnes alternativement blanches et noires, et dont les chapiteaux ronds étaient relevés de roses entr'ouvertes, de fleurs de lotus, de feuilles et de fruits de palmier, entrelacés de fleurs de fève égyptienne.

Enfin il y avait une infinité de chambres plus petites, mais non moins élégantes. Non seulement les voiles, mais encore les cordages étaient de pourpre; le mât avait 33 mètres de haut. Tel était le *Thalamégos*, vaisseau, comme on le voit, digne du pays des Pyramides.

Si Hiéron de Syracuse ne fit pas de grandes choses, il avait du moins une passion pour les choses grandes. La magnificence qu'il déploya pour faire construire des temples et d'autres édifices publics est encore attestée par leurs ruines gigantesques. Il affectait un goût tout particulier pour l'architecture navale. Il joignit l'utile au grandiose, car la plupart de ses énormes navires étaient employés à transporter les blés. Il en avait un, entre autres, construit sous la direction du fameux *charpentier* Archimède. Le mont Etna fournit le bois; il y en avait de quoi bâtir soixante longues galères. Tout en abattant les forêts, Hiéron s'occupait de faire forger le fer nécessaire et de faire venir du goudron, du chanvre, des cordes, des toiles de presque tous les ports de l'Europe et de l'Afrique.

Archias était, sous Archimède, le surintendant des travaux. Le roi lui-même visitait le chantier, et par sa présence animait les ouvriers. Le navire bâti, il fallut le conduire à la mer; Archimède inventa une machine tout exprès.

Ce leviathan était à trois étages. Les parquets étaient carrelés en très petites tuiles de différentes couleurs, formant des mosaïques d'un travail admirable, qui représentaient toute la vie d'Homère et plusieurs scènes de son *Iliade*. Le reste était à l'avenant. Nous ne décrirons pas ici toutes les salles, les temples, les bains et les chambres à travers lesquels l'écrivain grec aime à s'égarer. Disons seulement, pour donner une idée de ce que nous omettons, qu'il y avait une école de gymnastique, entourée de jardins dont les plantes étaient arrosées par des fontaines d'eau douce. Les allées étaient recouvertes en berceaux de lierre et de vigne. La salle de Vénus était pavée en agate; les portes étaient d'ivoire : le tout orné de statues, de vases, etc. etc. La bibliothèque était en buis, avec un dôme représentant toutes les constellations visibles et l'état du ciel au moment du départ. Au rez-de-chaussée, dix chevaux habitaient une écurie vaste et bien aérée. La citerne était près de la proue; elle pouvait contenir 60,000 litres d'eau douce, puis un vivier plein d'eau de mer, pour y conserver du poisson vivant. De chaque côté du vaisseau s'avançaient au-dessus de la mer des tourelles contenant les cuisines, fours, bûchers, boulangeries, etc. Le pont supérieur était soutenu par deux rangées de cariatides : le tout couronné de huit tours fortifiées, deux sur chaque gaillard, deux à tribord, deux à bâbord. Ces tours étaient surmontées de balistes, de catapultes, d'énormes grues, et constamment gardées par quatre jeunes hommes d'armes, deux archers et un ingénieur. Enfin du milieu du pont s'élevait le redoutable engin d'Archimède, qui pouvait lancer à une stade une pierre du poids de trois quintaux. Tous les plats-bords étaient hérissés de machines pour lancer des pierres, des javelots, des crochets d'abordage. Les grues des grandes tours étaient de force à saisir une galère ordinaire et à l'enlever hors de l'eau pour la laisser retomber dans l'abîme. Le navire avait huit ancres, dont quatre de bois et quatre de fer. Il lui fallait trois mâts : ceux d'artimon et de misaine furent trouvés dans les forêts de l'Etna; mais on chercha longtemps de quoi faire le grand mât. A la fin, un porcher breton trouva un arbre assez grand dans les forêts d'Albion : c'était un présage de la future grandeur maritime de la vieille Angleterre.

Cette ville flottante, bien plus grande que l'arche de Noé, fut d'abord nommée la *Syracusaine*, ensuite elle prit le nom de l'*Alexandrine*. Une belle barge de Chypre qui pouvait passer pour un vaisseau ordinaire servait de chaloupe à l'*Alexandrine;* une multitude de petits navires, bateaux pêcheurs, etc., lui formaient un cortège, et étaient montés par des équipages qui, en somme, égalaient celui du vaisseau monstre. Toute cette population flottante était soumise à la juridiction du capitaine ou maître pilote, qui rendait la justice d'après les lois de Syracuse. La cargaison principale se composait de soixante mille mesures de blé, sans compter une grande quantité de poissons et de viandes salées, d'huile et autres denrées.

Hiéron s'étant fait informer de la profondeur des différents ports de la Méditerranée, et n'en trouvant presque aucun qui pût recevoir son *Alexandrine*, l'envoya en Égypte et en fit présent à Ptolémée, dont les sujets étaient alors en proie à une affreuse famine. L'*Alexandrine* fut remorquée dans le port dont elle avait honoré le nom, aux acclamations de tout le peuple.

L'Athénien Archimélos fit un petit poème à ce sujet; Hiéron, pour l'en récompenser, lui envoya dans le port même du Pirée mille mesures de froment. Hiéron savait faire les choses.

L'OBSERVATOIRE

L'Observatoire de Paris, ce palais de la science, à la teinte sombre et sévère, aux gigantesques croisées, qu'on pourrait à la rigueur prendre pour une caserne ou pour une prison, l'emporte de beaucoup sur tous les établissements du même genre dont s'enorgueillissent les pays étrangers.

L'Observatoire date du XVIIe siècle. C'est à Louis XIV que nous le devons : à lui et non à ses ministres, car il lui fallut une volonté bien ferme, bien positive, pour que ses ordres fussent exécutés. Des oppositions et des difficultés de plus d'un genre contrarièrent plus d'une fois les vues artistiques du grand roi. Par exemple, lorsque Claude Perrault eut achevé le plan de la colonnade du Louvre, des intrigues sans nombre et habilement conduites circonvinrent Louis XIV. Clément IX lui-même fut mêlé à ces négociations; il poussa l'insistance jusqu'à écrire au roi, jusqu'à lui envoyer de Rome un fameux architecte italien, le chevalier Bernini, qui se rendit à Paris en toute hâte, examina les lieux, et se renferma sur-le-champ pour travailler à un projet. Louis XIV heureusement ne céda pas aux instances de Bernini; le plan de l'Italien fut repoussé, et l'on éleva la magnifique colonnade du Louvre telle que Perrault l'avait conçue.

Par une étrange analogie de faits, les mêmes circonstances se renouvelèrent exactement lors de l'édification de l'Observatoire. L'emplacement choisi appartenait à des chartreux, qui se révoltèrent contre ce choix. Cardinaux, évêques, archevêques et simples abbés, tous se liguèrent encore, et opposèrent un plan du même chevalier Bernini au plan de Perrault. La seconde fois, comme la première, le roi tint bon; mais, les travaux commencés, de grandes difficultés survinrent. Il ne s'agissait plus d'une résidence royale, de vestibules, de galeries, de colonnes; il fallait résoudre ici plusieurs problèmes fort difficiles à accorder; la beauté sévère, la solidité massive du monument devaient s'allier avec la commodité des observations; et quelque habile architecte que fût Perrault, il n'avait pas su prévoir tous les obstacles. Son observatoire est, sans contredit, un chef-d'œuvre de construction; la vigueur de ses énormes voûtes, la coupe hardie de l'immense escalier qui monte à la plate-forme, tout cela est admirable, tout cela servira longtemps de modèle; néanmoins, envisagé sous le rapport de la science, l'édifice laissait tout à désirer.

Tandis que Perrault s'occupait de la construction et entassait pierre sur pierre, Louis XIV cherchait déjà lequel des savants français il serait juste d'appeler à la direction du nouvel établissement scientifique. Ne trouvant personne autour de lui qui eût assez étudié l'astronomie pour remplir d'aussi importantes fonctions, il jeta ses regards par delà les frontières, principalement vers l'Italie, qui renfermait alors à elle seule autant de savants que tout le reste de l'Europe. C'est dans les États du pape qu'il rencontra celui dont il avait besoin, Jean-Dominique Cassini; et aucun sacrifice ne lui coûta pour s'attacher cet homme de génie. Lorsque l'illustre astronome vint s'établir en France, le bâtiment était élevé au premier étage. Les quatre murailles principales avaient été dressées aux quatre points cardinaux; mais les tours avancées qu'on ajoutait à l'angle oriental et à l'angle occidental du côté du midi, et celle qu'on plaçait au milieu de la face septentrionale, lui semblèrent nuire à l'usage important qu'on aurait pu faire de ces murailles. Il proposa donc qu'on n'élevât ces tours que jusqu'au second étage, et qu'on bâtît au-dessus une grande salle carrée d'où l'on pût voir le ciel de tous les côtés, et suivre d'un même point le cours entier des astres, d'orient en occident, sans être obligé de transporter les instruments d'une tour à l'autre. Une lutte s'établit à ce sujet entre le savant et l'architecte. Cassini disait : « Je ne pourrai pas observer. » Perrault répondait : « Mon plan est fait; vous me le gâtez. » Le roi, choisi pour arbitre dans ce différend, ne voulut pas comprendre les objections de Cassini; il donna raison à Perrault. Malheureusement, cette fois, Perrault avait tort.

Cependant on ne porta pas l'entêtement jusqu'à négliger tous les avis de Cassini, qui certes était l'homme le plus compétent pour en donner de bons en cette matière. On arrêta que la tour septentrionale ne serait pas octogone comme les deux autres, mais bien carrée, pour offrir une plus large face au nord. Cassini obtint aussi que sur la terrasse supérieure on bâtît une petite salle ouverte de deux fenêtres à l'orient et à l'occident, d'une porte au midi, et dont le toit mobile lui permît d'observer les étoiles au zénith. C'est dans cette espèce de cabane, bâtie après coup sur la plate-forme, dont elle détruit l'harmonie, et ironiquement appelée le *Petit-Observatoire*, que fut fait, pendant de longues années, tout le travail auquel était destiné le monument entier.

Il serait sans doute curieux de relater les diverses modifications qu'apportèrent successivement à l'économie de l'Observatoire les savants qui en eurent la direction depuis Cassini jusqu'à nos jours: Cassini fils, Philippe de Lahire, Claude Picart, Pingré, etc.; mais cette digression nous mènerait trop loin.

Les premiers objets dont on est frappé quand on a monté quelques marches de l'escalier principal, sont le télescope d'Herschell et la grande lunette de Lerebours, cette longue lunette *à faire peur aux gens*, comme dit le bonhomme Chrysale, la plus grande qu'on ait jamais construite (son verre objectif a 32 centimètres de diamètre). Le télescope, vieux serviteur délaissé, immobile à sa place depuis cinquante ans, semble encore, fier de son antique splendeur, mépriser son élégante voisine, qui se met en mouvement tous les soirs, et roule lestement, sur le pied que lui a élevé Cauchoix, jusqu'à la terrasse du jardin. Dans la tour orientale, attenante au vestibule, sont rangées en batteries de nombreuses lunettes qui ne représentent extérieurement rien d'assez remarquable pour que nous ne nous hâtions pas d'arriver aux nouveaux cabinets d'observations bâtis par M. Biot. Grâce à cette amélioration, l'Observatoire réunit maintenant toutes les conditions désirables; c'est le meilleur et le plus beau qu'il y ait au monde.

On a souvent répété qu'Archimède, s'il revenait ici-bas et qu'il interrogeât sur l'algèbre un simple élève de l'École polytechnique, courberait la tête devant le jeune homme et le nommerait son maître. Eh bien, s'il était donné à Cassini de sortir de son tombeau, lui qui travaillait encore dans le siècle dernier, nous pouvons affirmer qu'il ne serait pas moins stupéfait que le philosophe de Syracuse. Il trouverait réunis dans un espace de quelques toises carrées, merveilleusement disposé pour les recevoir, des instruments d'une telle précision, d'une si admirable structure, que, durant ses nuits laborieuses, il se serait cru fou d'en rêver de pareils. Trois blocs de granit, enfoncés en terre à une profondeur de 13 mètres, s'élèvent indépendants du parquet de la salle. Les deux premiers supportent un cercle mural et une lunette méridienne qu'on peut facilement tourner dans un plan vertical sans redouter la moindre oscillation. Le cercle spécialement destiné à mesurer la hauteur des astres au-dessus de l'horizon est l'ouvrage de Fortin. M. Gambey a exécuté la belle lunette à l'aide de laquelle on observe les passages au méridien, et un second cercle mural de 2 mètres de diamètre qu'on a adapté au troisième pilier.

Remarquons ici combien les arts de précision se sont perfectionnés en France. La supériorité incontestable de M. Gambey a été si universellement reconnue, que les Anglais eux-mêmes, qui nous fournissaient jadis des artistes, sont venus dans ses ateliers chercher les instruments de leurs observatoires. De tous ces anciens produits de l'industrie britannique, il ne nous reste plus chez nous que le quart de cercle de John Bird. Les cabinets nouveaux, qu'il est moins difficile d'admirer que de décrire, sont dignement complétés par une curieuse collection d'appareils météorologiques; et nous devons un juste tribut d'éloges à l'ingénieux mécanicien M. Picart, qui a été chargé de leur toiture; c'est lui qui a imaginé ce système de *trappes roulantes* au moyen desquelles les observateurs découvrent instantanément la partie du ciel qu'ils veulent explorer. Le mouvement régulier de ces larges plaques de tôle a quelque chose d'extraordinaire; et si l'on n'apercevait pas, quand elles s'avancent, se retirent ou s'arrêtent, la main de l'astronome qui dirige leur marche, on serait tenté de se croire dans un palais de fées.

Le chef-d'œuvre de M. Gambey, l'*équatorial*, employé d'ordinaire aux observations des comètes, et qui par conséquent doit être dirigé de tous côtés, a été installé sur la plate-forme à cet endroit même où le pauvre Cassini s'était vu reléguer par l'obstination de Perrault. Mais on s'est bien gardé de le laisser exposé aux intempéries de l'air dans la chétive cabane dont nous avons parlé. On lui a fait une demeure digne de son importance, en bonnes pierres de taille couvertes d'un toit sphérique qui tourne autour de lui, et dont l'unique couverture se présente à son gré, tantôt à l'est ou à l'ouest, tantôt au sud ou au midi. Nous avons dit *à son gré*, et ceci doit être pris à la lettre; car l'équatorial, cette perle de l'art, est loin de ressembler aux instruments tout passifs. Il se meut de lui-même, sans le secours de personne, et ne se fourvoie jamais. Voici la cause de l'effet de cette intelligence apparente : quand un observateur est parvenu avec beaucoup de peine, après de laborieuses recherches, à découvrir dans le ciel une comète éloignée, invisible à l'œil nu, si des nuages viennent la lui cacher, s'il est obligé de s'absenter quelques heures, il aura nécessairement à son retour, ou lorsque le temps se rassérénera, autant de mal à retrouver l'astre perdu qu'il s'en était donné pour le découvrir. A l'aide d'un mouvement d'horlogerie que M. Gambey a joint à sa machine par un rouage de nouvelle espèce, d'une délicatesse infinie, dès qu'on a fixé la lunette sur un astre, elle le suit pas à pas, gardienne vigilante, pendant sa révolution tout entière. N'est-ce pas là en quelque sorte créer après Dieu, et, comme lui, donner une âme et une intelligence à la matière?

Il y aurait une histoire à écrire autre que celle des instruments de l'Observatoire : ce serait celle des savants qui l'habitent, si l'on voulait lever le voile qui couvre cette vie utile et laborieuse, et pénétrer dans l'intimité de cette petite république si calme au milieu d'un monde agité, dont les membres ne relèvent que de la science, et que la science protège comme une égide. Là, retranchés derrière cette inamovibilité du talent, s'exercent dans le silence et l'étude de hautes facultés, des intelligences d'élite. La gloire de quelques-uns a parfois franchi cette enceinte : après le nom si illustre d'Arago, il nous sera permis de citer celui de M. Matthieu, répété moins souvent peut-être par la foule, mais qui résonne également dans tous les échos du monde savant, et celui de M. Leverrier, que la découverte de la planète Neptune a rendu populaire.

LA PLANÈTE NEPTUNE

La découverte de cette planète est une de celles qui prouvent le mieux la puissance des mathématiques et l'exactitude des calculs appliqués à déterminer la marche des astres dans les profondeurs du firmament. A ce titre, il ne sera pas inutile d'en donner ici un léger aperçu.

La planète Uranus a été reconnue en 1781 par le célèbre astronome Herschell, et l'année suivante Lalande en calcula l'orbite au moyen d'une méthode dont il était l'auteur, mais qui n'était pas assez parfaite pour éliminer toute erreur. L'observation d'Uranus montra bientôt que cet astre, dans sa révolution autour du soleil, était loin de suivre l'orbite assignée par Lalande, et l'on chercha à corriger les erreurs introduites dans les calculs de l'astronome français, en tenant compte des actions que l'on désigne sous le nom de perturbations planétaires. Ces tentatives, dues à plusieurs calculateurs de talent, ne donnèrent pas un résultat satisfaisant, et, en dépit de nouvelles corrections, Uranus continua de plus en plus de s'écarter de la voie que lui traçait la théorie.

On en était là, lorsqu'en 1845 un jeune savant assez obscur, M. Leverrier, alors simple répétiteur d'astronomie à l'École polytechnique, fut invité par Arago à reprendre l'étude de cette difficile question. M. Leverrier commença par discuter tous les calculs de ses devanciers, les soumit à une analyse rigoureuse, en reconnut les lacunes et les erreurs, et constata que toutes les hypothèses introduites jusqu'alors ne parvenaient pas à expliquer la marche d'Uranus. Quand le terrain eut été ainsi déblayé, le jeune astronome put conclure, avec toute la rigueur d'une démonstration mathématique, que la seule influence du soleil et des planètes connues était insuffisante pour rendre compte des mouvements de cet astre.

Il fallait donc chercher une nouvelle explication. « Il ne nous reste ainsi, disait M. Leverrier, d'autre hypothèse à essayer que celle d'un corps agissant d'une manière continue sur Uranus, et changeant son mouvement d'une manière très lente. Ce corps, d'après ce que nous connaissons de la constitution de notre système solaire, ne saurait être qu'une planète encore ignorée. » M. Leverrier démontra ensuite que cette hypothèse expliquait numériquement tous les résultats de l'observation, et établit avec une force irrécusable l'existence d'une planète, jusqu'alors inconnue, et qui trouble, par son attraction, les mouvements d'Uranus. Ce premier résultat obtenu, il restait à fixer dans le ciel la position actuelle du nouvel astre avec assez de précision pour que l'on pût se mettre à sa recherche. C'était là une œuvre d'une difficulté inouïe, et qui exigeait les calculs les plus compliqués. M. Leverrier triompha de toutes les difficultés par son génie mathématique, et le 31 août 1846, l'illustre astronome put fixer la longitude de la nouvelle planète à 326 degrés et demi, et sa distance actuelle à 33 fois la distance de la terre au soleil.

Dès ce moment la nouvelle planète était trouvée, quoique personne ne l'eût encore aperçue. Mais l'astre inconnu ne devait pas tarder à se montrer. Le 23 septembre, M. Leverrier annonçait ses derniers résultats à l'observatoire de Berlin. En recevant la lettre, un des astronomes de cet établissement, M. Galle, mit aussitôt l'œil à la lunette, la dirigea vers le point indiqué, et reconnut à cette place la planète devinée.

L'annonce de cet événement scientifique produisit dans le public une sensation extraordinaire, et tout le monde se sentit saisi d'une vive admiration devant cette preuve de la puissance des mathématiques. La nouvelle planète fut aussitôt baptisée, par l'enthousiasme public, du nom de *planète Leverrier*, nom qu'elle perdit bientôt pour prendre celui de *Neptune*, afin de ne pas rompre l'uniformité des dénominations astronomiques. M. Leverrier fut salué partout comme un génie, comblé d'honneurs, et enfin nommé directeur de l'observatoire de Paris, position digne de l'illustre géomètre qui a créé *l'astronomie des invisibles*.

LE PAPIER

On veut, en s'appuyant sur l'autorité de Pline, que les anciens aient d'abord écrit sur des feuilles de palmier. Mais l'antiquité profane reconnaît que ce n'est point aux frêles tissus des plantes que l'homme a d'abord confié ses pensées. Moïse descendant du mont Sinaï avec des tables de pierre, nous induit à croire que des matières plus durables que le végétal ont primitivement servi à ce noble usage. Et, en effet, avant l'époque de Solon, c'est avec des stylets de fer ou d'or qu'on écrivait sur des tables de pierre ou d'airain, et même sur des lames de plomb. La parole était alors sculptée sur le marbre ou le métal. C'est là l'écriture primitive ; c'est encore celle de nos monuments publics.

Pourtant l'observation des faits de la nature fit remarquer aux hommes que les animaux marins formaient une liqueur noire, une encre naturelle, qu'ils lançaient dans les eaux pour se soustraire, par des nuages obscurs, à l'attaque de leurs ennemis : c'était le poulpe, ce grand mollusque de toutes nos mers d'Europe, qui le premier donna lieu à cette importante découverte. On comprit qu'au lieu de graver les paroles, on pouvait les peindre, les dessiner, les écrire. On se servit alors de cette encre naturelle de la sèche, et de pinceaux ou de roseaux. Pour enjoliver les écrits de cette nouvelle espèce, le minium fournit une matière rouge avec laquelle on traça les titres.

De nos jours, l'encre de la sèche constitue encore la base de la sépia et de l'encre de Chine ; et l'on sait que jusqu'au XVIIIe siècle les titres des ouvrages imprimés étaient encore noirs et rouges. Ces images remontent donc au temps où le vrai papier n'était pas encore connu. Avant de se servir de ce dernier, on eut d'abord recours aux tablettes de cire, sur lesquelles on traçait ou l'on effaçait les caractères par un même poinçon, qui était, pour ce double usage, pointu d'un côté et plat de l'autre. Enfin les plantes vinrent au secours de l'homme; les feuilles de palmier, larges et flexibles, prêtèrent une surface fine et polie sur laquelle le pinceau traçait aisément les signes de la pensée; mais leur facilité à se déchirer en travers dut faire rechercher d'autres plantes dont les feuilles plus fibreuses présentassent une résistance plus grande. Les antiquaires pensent qu'on préféra d'abord la mauve, dont les feuilles formèrent un des premiers papiers; mais il reste à savoir si nos mauves sont celles des anciens.

Quoi qu'il en soit, les feuilles des arbres et les herbes ne furent pas employées longtemps, et l'on vit bientôt que la nature nous offrait un tissu plus durable, plus moelleux, plus résistant, dans l'écorce intérieure de plusieurs arbres, et surtout du tilleul. Chaque année, la végétation forme une page nouvelle de ce tissu, et ces pages se séparent, au printemps, et avec une telle facilité, que leur ensemble forme réellement un livre dont les feuillets présentent à la fois la souplesse de la soie, la blancheur du parchemin et le velouté du vélin. Ces feuillets s'appelaient *liber* chez les anciens; c'est de ce mot que nous avons formé celui de *livre*. L'emploi de l'écorce du tilleul peut autoriser ce dire, qui paraît d'abord paradoxal, à savoir : qu'il y avait alors des *livres* sans qu'il y eût de papier. Le premier papier fut, en effet, une production de l'industrie humaine.

Jusqu'à présent nous voyons l'encre et les feuilles fabriquées par la nature; le vrai papier est le résultat d'une manutention mécanique. Une plante du Nil, espèce de roseau de six à sept coudées de hauteur, couronné à son sommet par des panaches de feuilles aussi ténues que des crins de chevaux, servit à la fabrication du premier papier, qui tira son nom de la plante même, appelée par les anciens *papyrus* : c'est le *papyrus* qu'on trouve encore croissant spontanément en Sicile, dans toute l'Afrique, et qu'on cultive dans les serres chaudes de tous les pays. Il paraît bien que c'est en Égypte qu'on fit d'abord la découverte du papier fabriqué avec ce roseau.

Varron et Pline ne sont pas d'accord sur l'époque de la découverte de ce papier. Le premier pense qu'elle eut lieu après la fondation d'Alexandrie. Pline dit que, sur le Janicule, un Romain trouva une caisse de pierre où étaient renfermés les livres de Numa, écrits sur papyrus; et que Sarpédon, roi de Lycie, avait écrit de l'Asie une lettre sur la même matière. Homère, Hérodote,

Eschyle signalent l'existence du papier en Égypte longtemps avant la fondation d'Alexandrie.

Les tiges du papyrus étaient coupées en lanières qu'on plongeait dans les eaux marécageuses et collantes du Nil; on plaçait ces lanières les unes à côté des autres, et on les croisait par des lames transversales. On ajoutait ainsi les couches nouvelles les unes aux autres; on les mettait en presse et on les battait au marteau. Il se préparait ainsi des rouleaux de papyrus dont la longueur était quelquefois de 10 à 13 mètres. On en trouve de cette longueur dans les mains des momies.

Cette fabrication facile perpétua longtemps l'emploi du papier de papyrus. Les Ptolémées avaient défendu l'exportation de ce produit. C'est ce qui amena, à Pergame même, sous les Attales, l'invention du parchemin. Cette nouvelle matière entra plusieurs fois en concurrence avec le papier.

Ainsi, en France et en Allemagne, on employa ce dernier pendant les ve et vi[e] siècles. Au viie et au viiie, l'occupation de l'Orient par les Arabes força les peuples du Nord à se servir du parchemin; mais aux xie et xiie siècles on revint à l'usage du papyrus. Cependant il paraît qu'au ixe on découvrit l'art de faire un nouveau papier avec du coton, et qu'on se trouva fort bien de l'invention de ce papier, puisqu'il se propagea dans tout l'Orient, et qu'au xiiie siècle l'usage en devint général. Il est probable que ce papier donna à des Grecs réfugiés à Bâle l'idée d'en fabriquer un nouveau avec des chiffons.

Cependant l'invention du papier de chiffon est très contestée; il est certain qu'elle eut lieu avant le xiie siècle; on dit même avant la fin du xie, car on a trouvé dans les archives de Nuremberg une feuille de papier datée de 1019; c'est la plus ancienne que l'on connaisse. Scaliger attribue cette découverte aux Allemands; le comte Maffeï, aux Italiens. Le nom de l'inventeur est inconnu, comme il n'arrive que trop souvent dans l'histoire d'une foule de choses utiles.

En 1340, sous Philippe de Valois, s'établirent en France les premières manufactures de papier.

En 1588, à Hereford, s'ouvrit la première fabrique anglaise de papier. L'Angleterre avait recours, avant cette époque, aux fabriques étrangères.

Au commencement du xiiie siècle, les premières fabriques de toiles furent établies à Nivelle. En 1475, fut imprimé à Alost, par Thierry Martens ou Mertens, le premier livre qui parut en Belgique. L'imprimerie fit bientôt de rapides progrès dans ce pays. Il est donc permis de penser que la Belgique eut avant l'Angleterre des manufactures de papier.

Les Chinois, qui possèdent une histoire particulière des progrès de leurs arts, font remonter l'invention de leur papier au delà de deux mille ans. Ils n'ont point, comme en Europe, une matière unique pour la fabrication du papier; une foule de substances leur ont fourni, depuis la plus haute antiquité, des papiers très différents. A Hu-Quang, on fait le papier avec le liber d'un arbre appelé Cha ou Ko-Chu. — A Kian-Nam, ce sont les enveloppes de cocons de vers à soie qui servent à cet usage. — A Che-Kiang, on prépare le papier de riz ou de paille sur lequel se trouvent ces jolies peintures de fleurs si vives et si brillantes. — A Fo-Kien, le papier se fait avec du bambou; à Se-Chewen, avec du chanvre; ailleurs, avec du mûrier. Ce dernier arbre paraît exciter beaucoup l'attention des papetiers de l'Europe; car en Prusse et dans les contrées rhénanes on le cultive en grand pour la fabrication d'un produit très beau et très solide. Les Japonais, depuis des siècles, fabriquent avec cette plante leur papier-parchemin.

Il est certain que la fabrication du papier peut subir de grandes améliorations, et que la substance textile des plantes les plus communes peut être utilisée pour cet usage. En 1728, Derham fit à Londres de beau papier d'orties. En 1723, Van Flauten fabriqua en Hollande du papier incorruptible, imperméable et préservant le bois de la pourriture, avec les mousses aquatiques les plus répandues. Le tilleul, le platane, l'érable, le hêtre, l'orme, le houblon, le genêt, le chardon, les joncs, les lichens et une foule de plantes non utilisées aujourd'hui peuvent donner de bon papier.

En 1737, Baskerville inventa en Angleterre le papier vélin; le papier maroquiné est d'invention allemande, mais d'une date incertaine. En 1620, François, de Rouen, fabriquait déjà du papier velouté. Le papier gélatine est une découverte toute récente.

LE PAVAGE DES VILLES

C'est un fait remarquable qu'on a trouvé dans les ruines de Pompéi et d'Herculanum des restes de trottoirs : ce qui prouve qu'ils ne sont pas une invention des Anglais, comme on serait tenté de le croire. Cependant les Romains, qui avaient construit ces routes solides dont il reste encore des vestiges connus sous le nom de voies romaines, n'avaient pas eu le soin d'établir un mode de pavement convenable dans la capitale du monde. Les rues, même à l'époque la plus brillante de sa domination, étaient, à ce que nous apprennent les auteurs, remplies de boue. Quant aux villes de l'ancienne Grèce, tout ce que l'histoire nous en apprend, c'est que les rues de Thèbes et d'Athènes étaient soumises à l'inspection de certains officiers chargés de les entretenir en bon état : circonstance dont on a tiré la présomption que ces rues devaient être pavées.

Le plus ancien pavement que l'on connaisse des villes modernes est celui de Cordoue, en Espagne, dont les rues étaient pavées en pierres dès le milieu du IXe siècle, sous la célèbre domination des Maures et du calife Abd-ul-Rhaman II, qui fit aussi établir des tuyaux de plomb pour conduire l'eau dans la ville. Paris a été la seconde cité où l'on adopta pour les rues un mode de pavement. Cet usage n'eut lieu qu'en 1184. A cette occasion Rigord, le naïf historien de Philippe-Auguste, dit que le nom de *Lutetia*, qu'avait porté jusqu'alors la ville pour témoigner qu'elle était toujours pleine de boue, fut changé en celui de *Paris*, nom du fils de Priam. On ne voit pas bien quel rapport pouvait exister entre la ville et le personnage mythologique dont on lui donnait le nom. Le même chroniqueur raconte que le monarque, étant un jour à la fenêtre de son palais des Tournelles, et ayant remarqué que la boue enlevée par les tombereaux exhalait une odeur infecte, résolut d'y remédier en ordonnant que les rues fussent dorénavant pavées.

Les rues de Londres n'étaient pas encore pavées au XIIe siècle; on ne sait pas l'époque précise où cette amélioration a été introduite. La première ordonnance qui parut relativement à l'entretien des grandes routes date du règne d'Édouard III, et ce ne fut qu'en 1417 que la grande rue d'Holborn, à Londres, fut pavée. Toutes ne l'étaient point encore sous le règne de Henri VIII, car on nous la présente comme fangeuse et presque impraticable. Le grand marché de Smithfield n'a été pavé qu'en 1614, et jusqu'en 1764, chaque propriétaire avait la faculté de paver à sa manière le devant de sa maison. A cette époque il n'existait pas encore de trottoirs. Ce fut dans cette année qu'on publia le bill relatif au pavement de Westminster. Dès ce moment datent aussi l'amélioration du pavement de Londres et la construction de ces trottoirs qui sont supérieurs à tout ce qui existe en ce genre dans les autres villes de l'Europe.

C'est depuis quelques années seulement qu'on a pavé la ville de

Varsovie de manière à y entretenir une propreté constante. Berlin n'a commencé à avoir un pavé qu'au commencement du XVIIe siècle. Celui des villes de Hollande est peut-être le plus parfait que l'on connaisse, étant construit en grande partie en briques, et fort peu exposé à la dégradation, à raison du petit nombre de voitures qui circulent. Les rues peuvent d'ailleurs être constamment maintenues en état de propreté par les canaux qui les bordent à peu près généralement. Les villes d'Italie ne sont pas moins remarquables par leur pavement en grandes dalles de pierre, dont, il y a quelques années, M. Grisi conseillait l'adoption à Paris. On peut citer à cet égard Milan et Florence. Gênes et Rome ne sont guère mieux pavées que nos villes du Midi, quoique la voie publique y soit entretenue avec beaucoup de soin et de propreté.

Ce n'est que depuis un demi-siècle qu'on a eu l'heureuse idée de faire servir à cet usage l'asphalte et le bitume. L'Angleterre, où cette innovation a pris naissance, a été dépassée par la France, qui a atteint sous ce rapport les dernières limites du possible. Paris est sans contredit la ville du monde la plus favorisée sous ce rapport. Elle a singulièrement gagné en propreté, en élégance et en salubrité, surtout depuis 1830. L'hygiène publique s'y est améliorée en raison du perfectionnement apporté à l'ouverture et à l'irrigation de ses rues et de ses places. Il n'est rien en Europe qui se puisse comparer, pour l'élégance et pour la symétrie, au dallage d'asphalte et de bitume du magnifique square des Champs-Élysées. On a mis récemment en application dans la rue Vivienne, dans la rue du Coq et dans plusieurs autres, un nouveau système de pavage à chaussée bombée, au moyen duquel les eaux s'écoulent sous les trottoirs, et qui paraît devoir être définitivement adopté.

LA PEINTURE SUR VERRE

Les efforts qu'on a faits depuis plusieurs années pour ressusciter la peinture sur verre, si florissante au moyen âge, donnent un nouvel intérêt à l'histoire de cet art.

On a souvent confondu la mosaïque avec la peinture sur verre. La première est antérieure de plusieurs siècles à la seconde. Bien longtemps avant de couvrir les fenêtres des églises de ces magnifiques tableaux dont nous admirons encore les restes, on les avait ornées à la manière dont les Romains décoraient leurs murs et le pavé des édifices somptueux. En d'autres termes, la peinture sur verre ne fut, à son origine, qu'une extension de l'art du mosaïste, c'est-à-dire le transport des mosaïques aux fenêtres. Vraisemblablement cette décoration naquit de l'emploi des *vitres*, qui date du IIIe siècle, mais qui ne fut en pleine vigueur qu'au VIe.

Quelques historiens font remonter les vitres au temps de Néron. Ce n'est que sous le règne de ce prince qu'il commença à s'établir des verreries à Rome ; le verre y était alors trop cher pour qu'on le prodiguât ainsi [1]. Et d'ailleurs les carreaux presque opaques et chargés de nuances vertes que les Romains firent d'abord n'étaient guère propres aux mosaïques des fenêtres. On a sans doute pris pour du verre ces pièces transparentes que les Grecs et les Romains faisaient entrer dans les jalousies dont ils fermaient leurs étroites fenêtres.

Les mosaïques en verre de l'église Saint-Denis, de la Sainte-Chapelle, et les deux rosaces de Notre-Dame, sont peut-être ce qu'il y a de plus parfait en ce genre. En les examinant de près, on ne sait ce qu'on doit le plus admirer de l'effrayante multitude de petits morceaux de verre qu'il a fallu découper et réunir avec tant d'art, ou de l'extrême solidité que les rainures de plomb et les châssis de fer prêtent à ces énormes panneaux.

Bien qu'un historien ait écrit qu'il y avait en 1052, dans la chapelle de Saint-Bénigne à Dijon, un très ancien vitrail représentant sainte Paschalie, restauré par l'ordre de Charles le Chauve, on ne croit pas généralement que la peinture sur verre remonte au delà du XIe siècle. Ce n'est du moins qu'à cette époque qu'elle commence à prendre cet immense développement qu'elle dut en partie à l'ignorance où l'Europe était alors plongée. Nos bons aïeux ne savaient pas lire, et les prêtres d'alors cherchaient à les édifier par des peintures propres à ranimer leur foi.

On regarde les vitraux de Saint-Denis comme quelques-uns des plus anciens monuments que nous ayons de la peinture sur verre. L'abbé Suger, régent du royaume sous Louis VII, voulut orner cette église avec un luxe inusité jusque-là ; et son attention se porta principalement sur les vitres. La dévotion était alors si grande, qu'il trouvait chaque semaine dans les troncs assez d'argent pour payer les nombreux ouvriers qu'il employait. Mais l'abbé Suger est

[1] Pétrone, avant de mourir, fit réduire en poudre, pour empêcher Néron d'en orner son buffet, un verre à boire qui lui avait coûté plus de 6,000 sesterces, ou environ 1,200 francs de notre monnaie.

dans l'erreur lorsqu'il dit que, pour obtenir la couleur d'azur, on fait pulvériser et fondre avec le verre une quantité considérable de saphirs ; s'il n'a pas voulu nous en imposer, comme cela est probable, à coup sûr il a été trompé lui-même : il ne pouvait obtenir par ce moyen la couleur d'azur, car le saphir fondu est incolore.

Le goût des vitres peintes s'accrut fortement pendant le XIIIe siècle; l'art ne fit cependant pas de rapides progrès; mais si la peinture était toujours grossière, l'effet des fonds de couleur était admirable. On revoit toujours avec plaisir les deux roses latérales de Notre-Dame, et les vitres de la Sainte-Chapelle, qui sont du même siècle. Saint Louis, ayant fait construire cette église pour y déposer les restes des instruments qui avaient servi à la passion de Notre-Seigneur Jésus-Christ, non seulement n'avait rien épargné pour que ses vitres fussent traitées avec le plus grand soin, mais il avait voulu pourvoir à leur entretien jusque dans la postérité la plus reculée, en y affectant les offrandes que les chapelains recevaient à l'autel, et en autorisant le prélèvement du surplus sur son trésor royal et sur celui de ses successeurs.

Dans le XIVe siècle, le dessin se perfectionna, et les figures devinrent de plus en plus gigantesques. Aux figures des saints on joignit bientôt les portraits des donateurs de vitres ; et, comme un peu de vanité se mêle toujours aux choses saintes, ces donateurs se firent représenter avec leurs armoiries ou avec les attributs de leur métier.

Tant de nouvelles applications à la vitrerie peinte obligèrent les verriers à donner une attention particulière à la coloration du verre. L'église Saint-Séverin et celle des Célestins à Paris reçurent à cette époque des vitraux très remarquables d'après le dessin de Saint-Romain. Charles V, qui était grand amateur de peinture sur verre, ne se bornait pas à occuper les peintres et verriers, il les déclarait francs, quittes et exempts de toutes tailles, aides, subsides et autres subventions quelconques. Ces privilèges, confirmés par Charles VI, et plus tard par Charles VII, à la supplication de Henri Mellein, peintre verrier à Bourges, contribuèrent puissamment à multiplier les artistes et à reculer les bornes de l'art.

Les peintures du commencement du XVe siècle manquaient encore d'ordre dans la pensée, d'élégance dans l'exécution. Mais, vers la fin de ce siècle, le goût gothique disparut complètement ; la perspective devint l'étude favorite des meilleurs peintres ; les sites les plus gracieux et la belle nature, l'objet de leur imitation ; sous la conduite d'Albert Dürer, l'un d'eux, ils s'appliquèrent à en profiter. On vit alors, à la place de ces fonds comme gaufrés, les figures sortir agréablement de ces niches en architecture délicatement peintes sur verre et d'un goût tout nouveau. Telles étaient quelques-unes des vitres de Beauvais, qu'on prétend avoir été exécutées sur les cartons d'Albert Dürer. Celles de l'église des Grands-Augustins à Paris passaient aussi pour des chefs-d'œuvre.

Enfin le XVIe siècle porta la peinture sur verre au plus haut degré de perfection. Les peintres de cette époque attachaient à l'étude du dessin une si grande importance, que Raphaël, qui se contentoit de dessiner ses tableaux, laissant à ses élèves le soin de les exécuter, disait un jour, en parlant de Sébastien del Piombo, dont le coloris était ravissant, que ce serait pour lui une faible gloire de vaincre un homme qui ne savait pas le dessin.

La reproduction par la gravure des dessins des grands maîtres rendait désormais impossibles la plupart des défauts jusque-là reprochés aux peintres verriers. Aussi la plupart de leurs œuvres sont-elles d'une perfection désespérante. On peut essayer de les imiter; mais les surpasser, jamais. La peinture sur verre fut dans ce haut état de splendeur pendant tout le XVIe siècle.

Les noms des peintres verriers qui se distinguèrent en France aux XIIe, XIIIe et XIVe siècles, sont restés ignorés; Montfaucon prétend qu'il leur était défendu de signer leurs ouvrages. Mais la liste de ceux des XVe et XVIe est en rapport avec la prodigieuse quantité de vitres qu'ils nous ont laissée.

Les plus remarquables de ces vitres, dont une grande partie est détruite, étaient, à Paris, celles de Saint-Germain, de Saint-Victor, de Saint-Étienne-du-Mont, de Saint-André-des-Arcs, de Saint-Méry et de Saint-Paul, peintes par les frères Pinaigrier, Jean Cousin, Ohéron, Jacques de Paroy, Chanut, Jean Nogarc, Desaugives, etc.

Un grand nombre de villes n'avaient rien à envier à la capitale. On sait qu'Arnaud Desmoles peignit d'admirables vitraux à Auch; Pinaigrier, à Chartres; Bouch, à Metz; Germain-Michel et Commonasse, à Auxerre; Angrand Leprince et le Rot, à Beauvais; Henri Mellein, à Bourges; Claude et Israël Henriet, à Châlons; Bernard de Palissy, à Saintes; Léon et Léonard Gontier, à Troyes, etc.

A ces premières peintures nous pourrions ajouter celles des anciennes églises du Temple et de Sainte-Marie-Égyptienne à Paris; celles de Montmorency, de Dreux, de Rouen, d'Évreux, de Bourg, de Clermont, de Bourbon-l'Archambault, d'Aix, etc. Quoiqu'elles soient en partie du xve et du xvie siècle, les noms de leurs auteurs ne nous sont point parvenus.

Après la France, la Hollande, la Belgique et l'Allemagne sont les pays qui ont cultivé la peinture sur verre avec plus de succès. Leurs artistes ont rivalisé avec les Français, soit dans les cartons, soit dans l'exécution de la peinture.

Rogiers et Crobeth ont peint une grande partie des vitres de l'église de Gouda ; Diépenbeke, quelques-unes de celles d'Anvers et la plus grande partie de celles de Lille.

En Belgique, Jacques de Vriendt et Franc-Floris, surnommé le Raphaël des Flamands, ont exécuté diverses peintures dans l'église Sainte-Gudule à Bruxelles, et dans la cathédrale d'Anvers.

Les Belges mettent encore au rang de leurs meilleurs dessinateurs ou peintres verriers : Marc Willems, Jean et Jacques Cheyn, Geerards et Van Linge, qui porta en Angleterre l'art de la peinture sur verre, abandonné dans le reste de l'Europe.

Le dominicain Jacques l'Allemand passait, au xve siècle, pour un des peintres distingués d'Allemagne; mais il était plus renommé encore par sa piété que par son habileté. On raconte qu'ayant un jour recommencé sa recuisson, que, selon les règles de l'art, il devait surveiller jusqu'au bout, il l'abandonna pour obéir à son prieur, qui l'envoya à la quête, et qu'à son retour il la trouva dans un état de perfection qu'il n'avait jamais obtenu. Ce dominicain fit, dit-on, après sa mort, des miracles qui lui valurent l'honneur de devenir le patron des peintres verriers.

Les Allemands nomment surtout avec orgueil leur Albert Dürer, auquel on n'attribue qu'un seul vitrail, qui décora, dit-on, un temple de la Westphalie, mais dont les gravures et les cartons opérèrent une révolution dans la peinture sur verre.

Chose remarquable ! l'Italie, qui avait fourni les Michel-Ange et les Raphaël, ne s'était pas livrée encore à la peinture sur verre ; ce ne fut que sous Jules II que Claude et Guillaume de Marseille portèrent cet art à Rome et exécutèrent, sous les yeux et sur les cartons de Raphaël, les vitraux de la chapelle du Vatican. Mais le goût de cette innovation fut bien passager en Italie, où la peinture à l'huile l'emporta toujours. Georges Vasari et Giovanni Micheli furent les seuls Italiens qui s'y exercèrent ; encore s'en dégoûtèrent-ils bientôt pour peindre à fresque et à l'huile.

Cette méthode consiste à peindre sur des feuilles de verre blanc avec des couleurs vitrifiables employées au pinceau et cuites au feu. Les verres colorés et les petits filets de plomb ne jouent aucun rôle. Les Anglais ont cru imiter Jean de Bruges, et ils n'ont fait que des caricatures. Leurs principaux essais, que tout le monde a pu voir à Sainte-Catherine et à Saint-Étienne-du-Mont, sont d'un effet fâcheux à l'œil. Le vitrage de Sainte-Élisabeth notamment répand un jour triste et lourd, qui donne à la chapelle un air sépulcral, au lieu d'y produire une sensation douce et agréable.

Le ton sombre et plombé de la peinture anglaise dépend du peu de vitrification que reçoivent les couleurs; aussi sont-elles presque mates et de peu de durée. Nous ignorons si ce fut pour éviter ces imperfections, qu'on leur reprochait, que les Anglais produisirent leur peinture de Saint-Étienne-du-Mont représentant le *Mariage de la Vierge;* mais ils ne furent pas plus heureux dans cette tentative que dans la première. Au lieu du ton noir et lourd blâmé dans le vitrail de Sainte-Élisabeth, le *Mariage de la Vierge* offre une tonalité jaunâtre, fausse et inharmonieuse. Il suffira de comparer cette peinture aux figures de plus petite proportion qui ornent les fenêtres de la même chapelle, et l'on jugera de l'immense supériorité des procédés anciens.

Quelque parfaites que soient certaines vitres de Bruxelles et d'Anvers, on accorde la supériorité à celles des Français; et cette préférence est due à la précaution qu'avaient les verriers français de faire exécuter leurs cartons par les plus habiles peintres d'Italie: Raphaël, Jules Romain et Primatice.

Il a fallu quatre siècles pour donner à la peinture sur verre le degré de perfection qu'elle pouvait atteindre; il a suffi de quelques années pour la voir tomber dans le mépris. La foule innombrable des peintres et l'énorme quantité de vitres dont ils couvrirent l'Europe furent la cause principale de cette décadence. Une profession que tout le monde embrasse ne peut tarder à devenir mauvaise; aussi les peintres et verriers se virent-ils bientôt réduits à la plus profonde misère, et condamnés pour vivre à échanger leur noble métier contre celui de simples vitriers ou de marchands de faïence.

« Les verres peints, dit Bernard de Palissy, étaient tellement réduits à l'état d'art mécanique, qu'ils étaient vendus dans les villages par ceux mêmes qui crient la vieille ferraille, au point que ceux qui les font et ceux qui les vendent travaillent beaucoup pour vivre. L'état de verrier est noble; mais plusieurs sont gentilshommes pour exercer ledit art, qui voudraient être roturiers et avoir de quoi payer les subsides des princes, et vivent plus misérablement que les crocheteurs de Paris. »

Les troubles religieux qui éclatèrent à cette époque, surtout en

Allemagne, et la peinture à l'huile, que Jean de Bruges venait d'inventer, portèrent un coup fatal à la peinture sur verre.

L'abandon de cet art fut tel, que, pendant un siècle et demi, on a cru que les procédés en étaient perdus. Plusieurs l'étaient en effet; car ceux qu'ont indiqués Levieil et quelques autres, s'en disant les seuls dépositaires, sont pour la plupart impraticables, ou ne donnent que de mauvais résultats.

A la vérité, les Anglais ont cultivé la peinture sur verre depuis que les autres nations l'ont abandonnée; mais, soit qu'ils aient voulu substituer des procédés nouveaux à ceux que Van Linge leur avait apportés, soit que la nature ait rendu les Anglais peu propres à ce genre de peinture, ils sont toujours restés à une grande distance de leurs voisins. Ce qu'on a dit de la *Naissance du Christ* que Gervais exécuta, en 1777, à Oxford, sur les dessins de Reynolds, et qui ressemblait plus à une peinture sur mousseline ou sur papier huilé qu'à une peinture sur verre, on pourrait le dire également des échantillons que les Anglais ont envoyés, dans ces derniers temps, en France.

La manufacture royale de Sèvres, qui aurait bien fait peut-être de s'en tenir à la peinture sur porcelaine, qu'elle exécute avec un mérite incontesté, a essayé de tous les moyens, les a imités tous, les a mêlés enfin sans discernement et sans goût. Nous ne parlerons point de ses premiers essais en peinture sur verre; mais parmi les derniers, nous distinguerons une *Assomption de la Vierge*, qui décore la sacristie de Notre-Dame-de-Lorette. Cette peinture avait été exposée avec les autres produits des manufactures royales en 1829, et déjà de justes reproches lui avaient été adressés. Pourquoi avoir imité les Anglais précisément dans ce qu'ils ont de plus vicieux, à savoir : les verres carrés de grandes dimensions, les tons lourds et de mauvais goût des fonds, le coloris carminé et prétentieux des figures? La division des angles droits des carreaux peints et des châssis en fer qui les reçoivent, produit l'effet d'un grillage placé devant la peinture. Certes le coloris blafard, le peu de solidité des peintures anglaises avaient été trop sévèrement blâmés pour qu'on dût s'attendre à les voir servilement copiés par la manufacture de Sèvres. Les Anglais peignaient sur des verres d'assez grande proportion, Sèvres crut faire des chefs-d'œuvre en les imitant; ils carminaient les joues et les lèvres de leurs figures, Sèvres carmina ses figures; ils imitaient le verre rouge ancien par un moyen qui leur était propre, la manufacture de Sèvres imita le rouge par un procédé employé par ses devanciers. Malgré cette étrange imitation, les peintres verriers de Sèvres ne parvinrent à rivaliser avec les Anglais qu'au moyen de couleurs employées à l'essence de térébenthine ou à l'huile, et non à l'aide de couleurs métalliques et vitrifiables, les seules que comporte la véritable peinture sur verre. Aussi la vitre de Notre-Dame-de-Lorette de Paris est-elle déjà gravement altérée. Tous les tons rouges des fonds de la bordure extérieure de la fenêtre et les teintes carminées des carnations s'enlèvent par petites écailles ou sont déjà effacés, laissant le verre à nu. Les joues et les lèvres de la Vierge et des Anges, qui étaient rosées, sont actuellement blanches et décolorées; les fonds rouges, faits à froid au moyen de la laque appliquée sur verre jaune, offrent des nuances brunes plus ou moins sales et dégradées, selon que la laque a plus ou moins résisté.

Les autres travaux exécutés par la manufacture de Sèvres se composent en grande partie de vitraux destinés à des chapelles de maisons royales que cet établissement seul a le privilège de fournir.

Sèvres a encore le tort de réduire la peinture sur verre au rôle de copiste, qui n'appartient pas même à la peinture sur porcelaine. C'est ravaler l'art des Dürer, des Cousin, des Rogiers, c'est le méconnaître ; car aucun ne mérite moins d'être relégué à ce rang secondaire. Le choix que cette manufacture a fait d'une copie de Prudhon, ce coloriste si suave et si fin, est sans contredit un des plus intelligents qu'elle pût faire ; mais nous plaignons sincèrement l'artiste qui a été chargé d'exécuter sur le verre cette reproduction inexécutable. Que peut d'ailleurs prouver une telle imitation ? ce que chacun sait du reste, à savoir : que la peinture sur verre et la peinture à l'huile diffèrent essentiellement, et que l'une ne peut jamais reproduire l'effet de l'autre.

La manufacture royale de Sèvres s'est montrée cependant plus habile dans les fenêtres qui ornent la chapelle du château royal d'Eu; mais l'honneur en revient à la princesse Marie, que l'on croit être l'auteur du dessin et de la composition.

LES PERLES DE VENISE

Les verreries de Venise sont les plus anciennes du monde ; c'est de leurs fourneaux que sortirent les premières glaces ou miroirs. Longtemps Venise exploita seule ce genre d'industrie; une quantité de manufactures de glaces se sont élevées depuis dans toute l'Europe ; et leurs produits, devenus supérieurs, ont tari pour Venise cette source de richesse.

Mais Venise est restée en possession sans partage d'une autre branche de commerce dont peu de personnes soupçonnent l'importance : c'est celle des petites perles connues sous le nom de *collanes* ou *rocailles*. Il s'en fait d'immenses exportations dans les cinq parties du monde; leurs plus grands débouchés sont l'Afrique et les principales contrées de l'Amérique. Il part de Venise chaque année plusieurs vaisseaux chargés de verroteries destinées au trafic avec les Indiens.

Plusieurs causes se sont toujours opposées à l'introduction de ce genre d'industrie en France : d'abord le prix de la main-d'œuvre, qui serait trop élevé, et l'expérience, qui nous manquerait pour le mélange des couleurs, mélange que plusieurs siècles de pratique ont appris aux verriers de Venise, qui les composent avec une rare précision ; puis les moyens économiques, dont ils gardent le secret.

Ces verreries ne sont pas situées à Venise même, mais dans l'île de Murano, à environ deux kilomètres de là. On y trouve d'immenses établissements; quelques-uns d'entre eux opèrent sur des capitaux de plusieurs millions.

La disposition des fourneaux et des creusets est la même que dans les verreries de France ; là, comme ailleurs, les matières premières sont la soude, la potasse, et un sable qu'on trouve en abondance sur la côte la plus voisine de Venise. Les matières colorantes sont toutes empruntées au règne minéral, et tellement variées, que l'on fabrique des perles de plus de deux cents nuances différentes.

Voici quels sont les curieux procédés employés pour la fabrication des perles. Lorsque la matière est en fusion, un ouvrier trempe dans le creuset l'extrémité d'un tube de fer d'environ un mètre de long, appelé *canne,* et le rapporte chargé d'une certaine masse de pâte. A l'aide d'un instrument en fer, il y pratique une large ouverture. Un second ouvrier applique contre ce trou l'extrémité d'une autre canne, garnie aussi d'un peu de verre en fusion; et tous deux s'éloignent l'un de l'autre en reculant aussi vite que ce genre de course peut le leur permettre. La pâte s'étend, et finit par n'être plus qu'un fil percé d'un bout à l'autre, et plus ou moins gros, selon la longueur du chemin que les ouvriers ont ainsi parcouru avant le refroidissement de la matière. Ils filent ainsi quelquefois des tubes forés aussi fins qu'un cheveu, et longs de plus de 30 mètres. On les casse alors par morceaux d'environ un demi-mètre de long : ici commence le travail de l'ouvrier appelé *margaritaire.*

Le margaritaire, à l'aide d'une sorte de hache-paille, coupe ces tubes par petits morceaux, qui tombent dans un baquet plein d'une poussière de charbon et d'argile infusible qui s'introduisent dans les trous des perles, et s'opposent à ce qu'ils se remplissent lorsque, pour les arrondir et en abattre les angles, on leur fait subir une seconde fois l'action du feu.

On met les perles ainsi taillées et mêlées avec une certaine quantité de cette même poussière de charbon et d'argile, dans un cylindre en fer, de forme ovale, hermétiquement fermé, et, à l'aide d'une manivelle, on les tourne sur le feu jusqu'à ce que le récipient soit rouge.

Les perles, légèrement ramollies, perdent leurs aspérités; et, lorsqu'on les retire, il ne reste plus qu'à les laver et à les appareiller selon leur grosseur; ce qui se pratique en les faisant passer successivement par des cribles dont les trous sont de diamètres différents. On les livre alors à des femmes qui les enfilent par rangs de 16 à 18 centimètres de long; et telle est la rapidité avec laquelle elles exécutent ce travail, qu'on ne leur paye que 6 à 7 centimes par masse de 120 rangs. Le prix de ces perles varie de 20 à 50 centimes la masse.

On fabrique aussi à Venise les perles dites *alla lume,* à la lumière. Les ouvriers, en grand nombre, qui exercent cette industrie portent le nom de *perlaires;* ils travaillent chez eux avec la lampe d'émailleur. Les cannes qu'ils emploient ne sont pas percées, et c'est en roulant la canne fondue avec la lampe autour d'un morceau d'acier qu'ils exécutent leurs perles, qui sont plus grosses, plus solides et plus chères que toutes les autres.

En Bohême, on confectionne aussi une grande quantité de perles de verre, taillées à facettes, dont il se fait un grand commerce, mais bien moins important que celui de Venise.

LA PHOTOGRAPHIE

La photographie ou héliographie est un art tout récent qui consiste à fixer, par la seule action de la lumière, soit sur une plaque métallique, soit sur le papier, sur le verre, etc., l'image des objets obtenue dans la chambre obscure. Tout le monde sait que la chambre obscure est une boîte close de toutes parts, dans laquelle la lumière s'introduit par un petit orifice. Les rayons lumineux du dehors s'entre-croisent à l'entrée, et produisent, sur un écran disposé à l'intérieur de la boîte, une image en raccourci et renversée des objets. C'est cette image, essentiellement fugitive par elle-même, que l'on fixe au moyen des procédés de la photographie.

La première tentative de ce genre fut faite, en 1824, par Joseph-Nicéphore Niepce. Niepce recevait l'image de la chambre obscure sur une lame de plaqué enduite de bitume de Judée; ce bitume, exposé pendant un certain temps à l'action des rayons lumineux, se modifie de telle manière, que les parties éclairées deviennent insolubles dans l'essence de lavande, tandis que les parties non touchées par la lumière conservent la propriété de se dissoudre dans cette essence. Il obtenait ainsi un dessin dans lequel les clairs, produits par l'enduit blanchâtre du bitume, correspondaient aux clairs, les ombres aux parties polies et dénudées du plaqué, et les demi-teintes aux portions des vernis sur lesquelles le dissolvant avait partiellement agi. Tel a été le point de départ, assurément fort modeste, des œuvres admirables que la photographie produit aujourd'hui.

Daguerre s'associa à Niepce en 1829 pour le perfectionnement de ce procédé, et rechercha des substances plus impressionnables à la lumière que ne l'est le bitume de Judée. Il s'arrêta au brome et à l'iode. Ses plaques de cuivre argenté étaient recouvertes d'une couche très légère d'iodure ou de bromure d'argent qu'il obtenait en l'exposant, dans une boîte, à l'évaporation spontanée de quelques parcelles d'iode ou de brome. Ainsi préparée et placée dans la chambre obscure du daguerréotype, cette plaque est, en quelques secondes, impressionnée par les rayons lumineux qui émanent des objets disposés devant l'objectif, et leur image s'y reproduit. Quand on retire la plaque de la chambre obscure, elle ne présente encore aucun trait; mais si on l'expose ensuite, dans une seconde boîte, à l'action des vapeurs de mercure, on voit ces vapeurs s'attacher en abondance aux parties de la surface qui ont été frappées par une vive lumière, à l'exclusion de celles qui sont restées dans l'ombre, et le précipiter en quantité variable sur les espaces occupés par les demi-teintes. Pour fixer définitivement l'image daguerrienne, on plonge la plaque dans une dissolution d'hyposulfite de soude, et on la lave ensuite avec de l'eau distillée. Ces plaques, d'une vérité d'exécution étonnante, pèchent par un *miroitage* insupportable.

La découverte de Niepce et de Daguerre fut connue pour la première fois en France par l'annonce publique qu'en fit Arago à l'Académie des sciences au mois de janvier 1839, et elle produisit une impression extraordinaire en France et dans toute l'Europe. Le lendemain, le nom de Daguerre avait acquis une immense célébrité. Quelques mois plus tard une récompense nationale était accordée aux deux inventeurs pour la divulgation de leurs procédés.

Une fois tombée dans le domaine public, la photographie ne tarda pas à faire des progrès extraordinairement rapides. L'objectif fut perfectionné, et en condensant sur la plaque une quantité de lumière beaucoup plus grande, il permit d'abréger beaucoup la durée de l'exposition lumineuse; on trouva des substances accélératrices, qui exaltent à un haut degré la sensibilité lumineuse, ce qui donna le moyen d'obtenir des portraits; enfin les images furent fixées d'une manière plus nette en les lavant dans une dissolution de chlorure d'or, ce qui recouvre l'épreuve photographique d'une légère couche d'or, et lui communique une grande solidité.

La découverte de la photographie sur papier a été un des perfectionnements les plus notables apportés aux procédés de Daguerre. Le papier employé doit être imprégné de sels d'argent, qui sont extrêmement impressionnables à la lumière; ce papier reçoit et retient l'image comme la plaque métallique; mais cette image est *négative*, les blancs étant à la place des noirs, et réciproquement. On doit à M. Talbot, savant anglais, l'idée de se servir de cette image négative comme d'une matrice, ou, pour parler plus exactement, comme d'un *cliché*, pour obtenir, par simple application sur un autre papier sensible, une suite indéfinie d'épreuves avec redressement des teintes. Pour cela, il suffit de rendre transparente l'épreuve négative; ce qui se fait à l'aide d'une couche de cire; puis de l'appliquer sur du papier sensible, ce qui se fait à l'aide d'une glace pesant sur l'épreuve, et enfin d'exposer le tout au soleil : on obtient ainsi jusqu'à 200 et 300 épreuves. On doit aussi à M. Talbot l'indication de l'acide gallique pour faire apparaître l'image qui, au sortir de la chambre noire, est encore latente, et celle de bromure de potassium pour la fixer.

Depuis, de nouveaux perfectionnements ont été apportés à cet art charmant. M. Niepce de Saint-Victor, neveu de l'un des inventeurs de la photographie, ayant remarqué que, dans le passage du négatif au positif, l'image perdait toujours ses finesses de détail, imagina de recevoir la première sur une plaque de verre; il se servit d'abord du verre nu, mais avec peu de succès, puis du verre enduit d'une couche légère d'albumine. A l'albumine, d'autres photographes ont substitué la gélatine, le collodion, et c'est par ces derniers procédés que s'obtiennent aujourd'hui tous les portraits.

Du simple dessin la photographie est passée à la gravure. On est parvenu à rendre sensible à l'action de la lumière un vernis dont on recouvre les planches d'acier ou de cuivre des graveurs; on peut alors recevoir directement sur la planche le dessin photographique, et l'artiste n'a plus ensuite qu'à graver, en suivant les lignes de ce dessin. M. Niepce de Saint-Victor et Talbot ont réussi récemment, et presque en même temps, à obtenir des gravures exécutées directement sur la planche par l'action même de la lumière. Enfin l'image négative, dont les reliefs sont assez sensibles pour cela, peut être imprimée, au moyen d'une presse hydraulique, sur une feuille de métal, qui dès lors peut servir comme une gravure ordinaire, et donner une série indéfinie des épreuves positives. Ces derniers procédés, qui sont beaucoup employés en ce moment pour l'illustration des livres de science ou d'archéologie, ont reçu le nom de *photoglyptie*, c'est-à-dire de gravure photographique. L'art de la photographie ne semble pas avoir dit son dernier mot, et sans doute il nous réserve de nouvelles surprises, non moins admirables que les précédentes.

LE PLATINE

Ce métal, découvert seulement depuis 1735 par don Antonio de Ulloa, a longtemps été connu sous le nom d'or *blanc*, et rejeté jusqu'à ce que les Espagnols en ayant fabriqué quelques objets d'ornement de curiosité, il reçut le nom qu'il porte aujourd'hui, dérivé de *plata*, argent. Depuis cette époque, il a été reconnu dans la plupart des dépôts aurifères de l'Amérique septentrionale, où il se trouve en très petits grains, comme dans les mines d'argent de Guadalcanal en Espagne, et récemment on a signalé sa présence dans les sables aurifères du Rhin.

Le platine est d'un gris d'acier qui tient le milieu entre le blanc de plomb et le blanc d'argent; il est tendre et très flexible. C'est le plus pesant des métaux connus. Il a pour propriété de résister au feu le plus violent sans se fondre, et d'être inattaquable par les acides : circonstances qui en rendent l'usage précieux dans les arts, où l'on s'en sert, malgré son prix élevé, pour faire des bassines, des alambics; on en fait aussi des cornues, des creusets, des tubes et autres objets en usage dans les laboratoires de chimie. Cependant ce n'est qu'en 1822, époque de sa découverte dans l'Oural, que son exploitation a présenté quelque importance; car jusque-là on l'avait rejeté, pour éviter les fraudes qu'on aurait pu faire en l'alliant à l'or. La Russie vient de l'adopter pour battre monnaie. On a essayé de l'employer en bijouterie; on en a fait des chaînes; mais son peu d'éclat et sa grande pesanteur empêcheront de s'en servir pour cet objet. A l'état d'oxyde, on l'applique sur la porcelaine, pour ornements ou comme vernis; il lui donne un brillant métallique inaltérable qui a tout à fait l'apparence de l'argent; on l'emploie avec avantage pour la construction des miroirs de télescope, à cause de l'inaltérabilité du métal, dont le poli résiste très bien aux influences météorologiques. On a essayé aussi avec succès de le substituer à l'étain pour l'étamage du cuivre, et il fournit un très bon plaqué; il convient en outre pour la fabrication des instruments de précision.

Ce métal serait très précieux dans un grand nombre de cas, si l'on pouvait se le procurer à bon marché. Quoiqu'il ne soit pas très rare, il s'est longtemps maintenu dans le commerce à un prix très élevé, plus élevé même que celui de l'or; cela tenait surtout à la grande difficulté de le purifier, car il n'existe pas à l'état de pureté complète. Aujourd'hui qu'on a trouvé le moyen de le traiter économiquement par la voie humide, il a beaucoup diminué, et le platine de Russie a baissé de 30 fr. à 16 fr. les 30 grammes; celui d'Amérique, qui est plus pur et plus recherché, se vend toujours plus cher; il était le seul qui fût employé dans les arts avant la découverte de ce métal dans l'Oural.

L'extraction du platine prend en Russie une assez grande importance; les mines en ont produit, de 1827 à 1836, dans l'espace de neuf années, 14,116 kilog. : 160 quintaux ont été employés à faire de la monnaie, dont il a déjà été frappé pour une valeur de 8,186,620 roubles (34,110,916 fr.). On peut donc, sans exagérer, porter à environ 2,000,000 de fr. le produit annuel du platine en Russie, la valeur de ce métal y étant supposée être de 2,000 fr. le kilog. Le commerce du platine étant libre en Amérique, on n'a aucun document qui puisse indiquer la quantité de ce métal extraite des lavages; quoi qu'il en soit, on peut porter au moins au double du platine fourni par la Russie la quantité produite par les différentes contrées de l'Amérique.

LA POMME DE TERRE

Cette plante paraît être originaire de Virginie, l'un des États-Unis de l'Amérique. Elle arriva aux régions équatoriales, en Italie, et s'introduisit en Allemagne, puis en Espagne, de là en Irlande, puis dans toute l'Angleterre.

Vers la fin du XVIe siècle, la pomme de terre fut importée d'Italie en France; on la planta en Franche-Comté d'abord, puis en Bourgogne. Mais bientôt un préjugé se répandit contre ce tubercule : on prétendit qu'il pouvait donner la lèpre; son usage fut défendu, on cessa de le cultiver.

Ce fut en 1785 que Parmentier fit le plus d'efforts pour démontrer les avantages que peuvent offrir les emplois de la pomme de terre. Des calamités de toute nature, en 1786, imprimèrent à la culture de cette plante un certain élan, qui fut encore excité par un ingénieux stratagème. Parmentier fit garder par des gendarmes un champ planté de pommes de terre dans la plaine des Sablons, afin de donner l'envie d'en dérober; son but fut atteint. On sait avec quelle distinction Louis XVI accueillit ce philanthrope et sa précieuse plante.

Un fait constant aujourd'hui, c'est que la pomme de terre a mis pour toujours l'homme à l'abri des atteintes de la disette. Le préjugé qui existait contre elle s'est éteint, mais il en existe encore d'autres : c'est que, cueillie avant sa maturité, elle renferme des propriétés malfaisantes. Cependant les habitants de la campagne vont, longtemps avant la récolte, arracher des pommes de terre dont ils font leur principale nourriture; aucun accident fâcheux ne semble résulter de l'usage presque exclusif qu'ils en font.

Il arrive souvent qu'on se laisse surprendre, dans cette culture, par l'intempérie des saisons; des quantités de pommes de terre sont ainsi attaquées par la gelée ou germées. Longtemps on les rejeta comme sans valeur. Cependant, à l'aide de la râpe, qui les réduit en pulpe, on en obtient de la fécule. Ces pommes de terre gelées peuvent encore fournir de l'amidon.

Sans nul doute, si la pomme de terre se conservait aussi facilement que le blé, l'orge, l'avoine et les autres céréales, sa culture, infiniment plus productive, la ferait préférer dans une foule de circonstances. Sa farine modifie agréablement le goût des diverses sauces dans lesquelles on emploie la farine de froment. Des essais faits en Suède ont démontré qu'on peut avec avantage incorporer la pomme de terre, réduite en pulpe fine, dans la pâte à faire le pain. Plusieurs personnes emploient les pommes de terre pour préparer une colle de pâte à meilleur marché que celle qu'on obtient ordinairement avec la farine de froment.

Maintenant voyons la pomme de terre appliquée à la nourriture des animaux. La quantité nécessaire pour un cheval varie de 5 à 15 kilogrammes par jour. On donne généralement encore aujourd'hui aux porcs des pommes de terre crues coupées par quartiers et mêlées avec les eaux de lavage. Dans les premiers jours qui suivent l'arrachage des pommes de terre, on les emploie utilement à l'engraissement des bœufs; leur marc engraisse également bien les moutons. L'hiver, la farine de cette plante est précieuse pour la nourriture des lapins, des chiens et des chats. On pourrait de même alimenter les volailles avec trente livres de gruau par cent poules. Chaque œuf ne reviendrait ainsi qu'à trois centimes en tout temps.

La pomme de terre joue encore un tout autre rôle : elle sert au nettoiement si difficile des chaudières à vapeur. Voici comment le hasard a fait naître cette découverte. Un ouvrier ayant un jour vidé des cylindres bouilleurs tandis qu'ils étaient encore très échauffés, mit dans l'un d'eux des pommes de terre pour les y faire cuire. Une circonstance accidentelle les lui fit oublier; et le lendemain les cylindres furent lutés comme de coutume, remplis d'eau, et la machine mise en activité. L'ouvrier, s'étant souvenu plus tard qu'il avait enfermé ses pommes de terre, se garda bien d'en parler, dans la crainte d'encourir le reproche de quelque accident fâcheux. Cependant on ne remarqua rien de particulier jusqu'à l'époque du nettoyage de la chaudière, qui se fit quinze jours après; et alors un simple rinçage la rendit parfaitement propre.

Croirait-on que la pomme de terre s'incorpore dans le plâtre, et forme avec ce mélange un enduit peu altérable? C'est à M. Cadet de Vaux que nous sommes redevables de cette idée, comme aussi de celle d'une peinture en détrempe au moyen de la pomme de terre cuite, épluchée, écrasée, délayée avec du blanc d'Espagne. Le même chimiste, le premier, a proposé ce tubercule pour remplacer le savon dans le blanchissage du linge.

L'extraction de la fécule de pomme de terre est une opération fort connue et fort simple; mais ensuite la conversion de cette fécule en sucre, pour remplacer la canne ou la betterave, a été tentée infructueusement. En vain on a cherché les moyens d'obtenir le sucre d'amidon sous la forme de sucre de cannes, en pains ou en cristaux; non seulement sa forme, mais encore sa saveur, beaucoup moins sucrée, n'ont pas permis de le substituer à la canne et à la betterave. Cependant le sirop de fécule est devenu une branche d'industrie fort importante; on en fait un assez grand usage dans la préparation du vinaigre blanc; les brasseurs s'en servent avec avantage quand l'orge et les autres céréales sont à un prix élevé. On peut aussi, lorsque le miel et la mélasse sont chers, le substituer à ces substances dans la fabrication du pain d'épice, et le donner de même, comme nourriture, en hiver, aux mouches à miel.

Enfin la pomme de terre, soumise à l'action de la presse et amenée à l'ébullition, donne une belle couleur jaune aussi durable que brillante. En plongeant dans une teinture bleue le fil qu'on a d'abord immergé dans ce jaune, on lui fait acquérir une couleur verte très solide. En outre, le liquide contenu dans la pomme de terre sert à nettoyer diverses étoffes, particulièrement les tissus de coton, de laine et de soie! Enfin la pomme de terre crue est une excellente recette contre le scorbut; les marins qui ont voyagé aux

Indes, en s'embarquant, ne manquent jamais de s'approvisionner de ce tubercule, qui leur sert à la fois d'aliment et de préservatif contre cette horrible maladie.

Voilà tout ce qu'une plante peut contenir de bienfaits. Après y avoir béni la prévoyance paternelle de Dieu, on ne peut s'empêcher d'admirer la science qui a trouvé en elle une source inépuisable de richesses.

LA PORCELAINE

L'Asie orientale fut le berceau de cette belle poterie; son origine se perd dans la nuit des temps. On la fait remonter à plus de deux mille ans avant l'ère chrétienne. Pompée, après avoir soumis l'Asie, en rapporta les fameux vases Murrhins, qu'il fit connaître aux Romains soixante ans avant notre ère. Leur rareté et leur nouveauté les firent préférer aux vases d'or. Le prix en était même si élevé, que Néron paya un de ces vases plus d'un million de notre monnaie. Sous Vitellius, les vases en terre cuite, d'un beau travail et d'une forme svelte, obtinrent la préférence. Selon Pline l'Ancien, ces fameux vases Murrhins, si remarquables par leur élégante légèreté, ne seraient qu'une sorte de porcelaine qui se fabriquait dans la province perse de Kerman, alors connue sous le nom de Caramanie; mais les commentateurs ne sont pas d'accord sur cette interprétation.

Il est constant que la porcelaine a fleuri de longue date en Chine et au Japon. Ainsi la fameuse tour de Kiang-Ning, recouverte extérieurement de plaques de porcelaine, fut construite dans le XIIIe siècle de l'ère chrétienne, à l'époque où la Chine fut envahie par les Mongols. Voici la description de cette tour.

Isolée, octogone, de 13 mètres de diamètre à sa base et de 66 mètres d'élévation, elle est divisée en neuf étages séparés par autant de toits saillants, à huit côtés. A chacun de leurs angles pend une clochette de cuivre. Au sommet s'élève, comme dans les temples birmans, un mât de 10 mètres, entouré d'un cercle de fer en spirale, couronné par une pomme de pin en cuivre doré. Au milieu du rez-de-chaussée est une idole immense, en or, sous un dôme de cuivre. Chaque étage a une idole particulière. Tous les plafonds sont ornés de peintures, et les murs décorés par des statues dorées. L'extérieur de la tour est revêtu de plaques de *faïence* ou de *porcelaine*, de différentes couleurs, et les tuiles de chaque toit sont aussi de la même matière.

La première porcelaine de l'Inde, à pâte translucide, recouverte d'un émail blanc et terreux, qui soit parvenue en France, y fut importée vers l'année 1400, par les Portugais.

Toutefois on n'a véritablement connu la porcelaine en France qu'à la fin du xviie siècle. C'est à l'établissement de la compagnie des Indes qu'on doit les premières importations remarquables, et par suite les beaux essais que fit, à Meisscin, près de Dresde, Auguste II, roi de Pologne, le tout grâce aux recherches d'un gentilhomme saxon, chimiste, qui s'occupait du *grand œuvre*. Bientôt les souverains de deux États de l'Allemagne eurent chacun leur manufacture de porcelaine. Le grand Frédéric attachait un si haut intérêt à la prospérité de sa manufacture, qu'il profita du succès de ses armes pour y faire transporter des pâtes qu'il fit enlever à Meisscin. L'échange qu'il effectua avec le roi de Pologne d'un régiment de dragons prussiens contre quatre rouleaux de porcelaine de Chine est un fait connu. En ce temps-là, c'est-à-dire de 1744 à 1760, la porcelaine était devenue le grand œuvre. On vit s'établir comme par enchantement les manufactures de Copenhague, de Munich, de Louisbourg et de Berlin. Jusqu'alors la France n'avait pas fabriqué de porcelaine *dure*, on n'y connaissait qu'une poterie particulière sous le nom de porcelaine *tendre*, qui avait bien les qualités extérieures de la porcelaine de l'Inde, mais qui n'avait ni la solidité de sa pâte ni la dureté de son émail.

Toutefois la manufacture royale de Sèvres et celle de Vincennes, grâce aux recherches du célèbre chimiste Hellot, produisaient en ce genre de véritables chefs-d'œuvre que les amateurs recherchent aujourd'hui avec un vif intérêt.

Vers 1761, un Strasbourgeois nommé Hannon fit connaître à Sèvres le secret de la composition de la porcelaine dure. Mais la matière première, le kaolin, manquait à la France; on ne connaissait que celui de Pussun, en Allemagne, dont l'exportation n'était pas permise. La communication d'Hannon serait donc restée inutile, sans la découverte des beaux kaolins du Limousin. Ce fut la femme d'un chirurgien de Saint-Yrieix, Mme Duruet, qui en fit la trouvaille en employant cette argile à défaut de savon, pour enlever des taches de graisse. Bien avant cette singulière découverte, Guiltard, le comte de Lauraguais, et Macques, de l'Académie des sciences, avaient essayé vainement de faire de la porcelaine dure avec des matières insuffisantes. C'est de la découverte du kaolin de Limoges que date l'ère véritable de la porcelaine. La manufacture de Limoges se vit annexée dès ce jour à celle de Sèvres.

On sait dans quelle voie de progrès cet art a marché depuis. Quels charmants caprices! quelles délicates fantaisies! La porcelaine s'ingénia à imiter le goût du XVIIIe siècle, comme avait fait précédemment la comédie. Aujourd'hui, dans notre époque terne et bourgeoise, la porcelaine est devenue lourde et sans style. Mais en regard du XVIIIe siècle la porcelaine fut bien obligée d'avoir de l'esprit. Son galbe moqueur s'enrichit de toute la satire qui l'entourait. Les airs maniérés des marquises du temps, la pesanteur des gens de finance, la tournure grotesque des médecins, la gravité gourmée des gens de justice, tout cela devint son domaine. La porcelaine suivit le mouvement introduit dans la statuaire et la peinture par Houdon et Pigale, Boucher et Watteau. La mode l'adopta bien vite; à côté des bas-reliefs, des figures, des terres cuites, tous les riches voulurent avoir chez eux leurs groupes de porcelaine : porcelaines de Sèvres et de Saxe, porcelaines de rocaille, surtout de dessert, écritoires, fontaines, déjeuners, que sais-je? Ici des jardinières ovales en camaïeu bleu; plus loin des candélabres à figures et feuillages; des sucriers à rubans, des cafetières avec mascarons et fleurs. Mais ce furent surtout les sujets qui firent rage. On raffolait des *Colombines*, des *Colins*, des *Amours*, etc. Les costumes de l'opéra représenté la veille, ceux du bal, ceux du mardi-gras, se virent bien vite reproduits par la porcelaine.

Tous ces ridicules, cet éclat revenaient de droit à cet art charmant et naïf. Galerie piquante des originaux du jour, elle formait un intermédiaire heureux entre la statuaire et la peinture. Devenue bientôt usuelle, la porcelaine ne pouvait manquer de voir accroître sa vogue. Les desserts s'en emparaient; son émail étincelait aux bougies devant des convives habillés pour la plupart en fées, en génies, en enchanteurs. A une fête donnée à Mme la duchesse de Bourbon pour la naissance du brillant et infortuné duc d'Enghien, le surtout du dessert représentait différents tableaux de la fête. Les Jeux et les Plaisirs y veillaient autour d'un magnifique berceau en porcelaine fleurie, dans lequel dormait le nouveau-né, dont les dentelles étaient imitées merveilleusement. Quand on porta la santé du roi, les fées et les génies, personnages vivants qui animaient le banquet, se levèrent pour le toucher de leurs baguettes.

D'autres fois, pour attirer la compagnie sur les bords d'un canal, à l'île d'Amour, bosquet de Chantilly, on imagina des batelets illuminés de feux de couleur; dans ces batelets il y avait des musiciens, des bergers et des bergères galamment vêtus, portant des corbeilles de fleurs, que l'on distribuait aux dames. Ces scènes joyeuses, la porcelaine ne tardait pas à les retracer; elle fixait jusqu'à l'à-propos. De là ces apothéoses, ces dessins de temples à l'Amitié, ces pastorales, ces allégories. Dans les figurines, c'est surtout Greuze qu'elle a en vue, c'est Greuze qu'elle copie, Greuze le peintre naïf et délicat. Mme la comtesse d'Artois reçut, en 1773, à son arrivée à Nemours, tout un cabinet de porcelaine représentant des paysans qui entouraient le carrosse du roi.

La peinture sur porcelaine n'est pas moins remarquable. Le plus souvent elle figurait des chasses, des fleurs, des Amours, mais le tout gracieux de forme, d'élégance, de légèreté, et n'ayant rien du ton froid et terne d'aujourd'hui. Les services de table étaient surtout renommés. La manufacture de Sèvres offrait, comme on sait, la copie des meilleurs tableaux à l'huile; ses couleurs étaient d'une magnifique transparence. C'était Oudry dont on reproduisait les belles chasses qu'on peut voir dans le palais de Fontainebleau; Van Huysum, dont les fleurs ont tant d'éclat; Greuze, dont les têtes de jeunes filles ont tant de finesse!

Ce bel art, loin de se soutenir à la même hauteur qu'au XVIIIe siècle, a considérablement déchu. L'inspection des expositions annuelles de la manufacture de Sèvres ne prouve que trop la vérité de cette remarque. Rien de neuf dans les œuvres actuelles, ni style ni manières; de la pratique et de l'adresse, voilà tout.

LA QUADRATURE DU CERCLE

En géométrie, on appelle *quadrature* la réduction d'une figure quelconque en un carré équivalent. La quadrature du cercle est donc la transformation d'un cercle en un carré de même surface.

On ferait un bien gros livre de toutes les tentatives qui ont été faites pour cette solution, à laquelle la science n'attache plus qu'une mince importance.

Anaxagore employait, dit-on, les loisirs de sa prison à cette recherche, et très probablement sans succès; car Aristophane, voulant ridiculiser le célèbre Méton, l'introduisit sur la scène. Le géomètre Hippocrate, de Chio, dut à cette occupation la découverte d'un important problème de mathématique. Apollonius et un certain Cadaro furent moins heureux : ils perdirent leur temps.

Parmi les modernes, le Hollandais Pierre Métius, qui vivait dans le XVIe siècle, trouva une formule qui approchait beaucoup de la vérité; le Français Viette modifia cette formule; Adrianus, Ceulen et beaucoup d'autres y travaillèrent aussi.

Du temps d'Huyghens, un jésuite des Pays-Bas annonça avoir trouvé la quadrature du cercle; mais, en 1668, un Écossais, J. Gregory, prouva l'impossibilité de la solution de ce problème : ce qui n'empêcha pas grand nombre de personnes de s'en occuper encore.

Avant ces dernières, nous devons citer le cardinal de Cusa, le professeur Oronce Finée, le fameux Scaliger, l'astronome danois Longomontanus, Hobbes, et jusqu'au père de l'agriculture française, le vénérable Olivier de Serres.

Vers le milieu du siècle dernier, un nommé Mathulon, de Lyon, annonça qu'il avait trouvé non seulement la quadrature du cercle, mais encore le mouvement perpétuel; 1,050 écus de récompense étaient proposés par lui à quiconque lui démontrerait son erreur. M. Nicole ayant entrepris cette tâche et y ayant réussi, la sénéchaussée de Lyon lui accorda cette somme, qui fut déposée dans la caisse de l'hôpital de cette ville.

Le Châtelet de Paris eut aussi à prononcer sur un autre défi de ce genre. Cette fois les sommes étaient très considérables; aussi le tribunal considéra comme fou le prétendu inventeur, et annula les paris. Il agit avec d'autant plus de sagesse que l'homme qui avait fait la découverte prétendait s'en servir pour expliquer le mystère de la Trinité.

Tels sont les faits principaux de l'histoire de la quadrature du cercle, histoire fort curieuse, et qui fait le sujet d'un livre imprimé en 1754, et dû à Montucla. Depuis longtemps les mathématiciens, convaincus de l'impossibilité de résoudre ce problème, l'ont mis au rang du mouvement perpétuel, des lampes sans fin, de la baguette divinatoire, et autres folies du même genre qui ont pu occuper les hommes, mais qui n'ajouteraient rien à leur bonheur, si tant est qu'un jour on pût réaliser toutes ces découvertes.

LA SOIE

La soie, cette brillante matière produite par un insecte, fut d'abord trouvée dans les forêts naturelles de l'ancienne *Serica*, province de la Chine ; c'est pourquoi elle a été nommé *sericum* par les Romains, *soie* par les Français.

La culture de la soie a commencé en Chine 700 ans avant Abraham et 2,700 ans avant Jésus-Christ. L'empereur Hung-Ti (empereur de la terre), qui régna sur la Chine plus de cent ans, et qui rendit son nom immortel en enseignant aux Chinois à construire des maisons, des vaisseaux, des moulins, des chars et autres ouvrages pour le bien-être de son peuple, a de plus déterminé sa femme, Si-Ling-Chi, à porter son attention sur les vers à soie, son plus grand désir étant que l'impératrice pût contribuer aussi au bonheur de l'empire. Aidée de ses femmes, l'impératrice Si-Ling-Chi alla prendre des vers à soie sur les arbres et les introduisit dans les appartements impériaux. Ainsi élevés, protégés et abondamment nourris avec des feuilles de mûrier, ils produisirent une soie bien supérieure à celle qu'on recueillait dans les bois. L'impératrice apprit aussi à ses femmes l'art de manufacturer la soie ou de la mettre en œuvre.

La soie, sa préparation, sa tissure, continuèrent d'être la principale occupation des impératrices qui succédèrent à Si-Ling-Chi ; des appartements étaient spécialement consacrés à cet objet dans le palais impérial. L'exemple donné d'un si haut rang ne resta pas infructueux ; le travail de la soie devint bientôt l'occupation d'une partie de toutes les classes en Chine, et en peu de temps l'empereur, les princes, les mandarins, les savants, les courtisans, tous les riches se revêtirent de brillantes étoffes de soie, et finalement la soie devint une grande et inépuisable source de richesse pour cet empire.

De la Chine, la soie fut exportée dans l'Inde, en Perse, en Arabie, et même dans toute l'Asie. Les caravanes de Sérique achevaient leurs voyages, des côtes éloignées de la Chine à celles de la Syrie, en 243 jours. Les expéditions d'Alexandre en Perse et dans l'Inde ont amené la première connaissance de la soie en Grèce, 350 ans avant Jésus-Christ, et les cours de la Grèce, au milieu de l'opulence et du luxe, firent des demandes considérables de soie. La

Perse fut, pendant longtemps, le marché où s'approvisionnaient les Grecs, et devint très riche par le commerce de soie qu'elle tirait de la Chine. Les anciens Phéniciens prirent part aussi aux trafics de la soie, et l'introduisirent finalement dans l'est de l'Europe. Mais, pendant longtemps encore après, on ne savait pas en Europe ce que c'était que la soie; ceux mêmes qui l'apportaient ne la connaissaient pas, ne savaient pas comment elle était produite, ni où était le pays de Sérique, d'où elle provenait.

A Rome, vers l'an 280 de l'ère chrétienne, un vêtement de soie était considéré par l'empereur comme un luxe de trop grande dépense, même pour une impératrice; et cette impératrice était sa femme *Severa*. La soie se payait alors son poids d'or. Cependant, à cette même époque, beaucoup de Romains moins scrupuleux que l'empereur ne trouvaient pas que le prix de la soie fût inabordable.

Il n'y avait pas encore longtemps que le siège de l'empire romain avait été transféré à Constantinople, quand on parvint à reconnaître d'une manière certaine la nature et l'origine de la soie, et quand le mystère de cette longue expédition des Argonautes à la conquête de la toison d'or fut enfin révélé à l'Europe.

Au VIe siècle, deux moines missionnaires revenant de la Chine se présentèrent à la cour de Justinien, à Constantinople; ils avaient apporté avec eux de la graine de mûrier, et apprirent à l'empereur qu'ils avaient découvert la manière d'élever les vers à soie. Quoiqu'il fût défendu en Chine, sous peine de mort, de sortir des vers à soie de l'empire, Justinien fit à ces deux moines des promesses si libérales, et les persuada si bien, qu'ils entreprirent une nouvelle expédition, et revinrent par la Bucharie et la Perse à Constantinople, en 555, avec des œufs de ce précieux insecte cachés dans le creux de leur bâton de pèlerin. Jusqu'à cette époque, les immenses manufactures d'étoffes de soie des villes phéniciennes Tyr et Béryte avaient reçu leurs provisions de soie grège de la Chine par la Perse. Alors une nouvelle ère commença.

En Grèce la culture du mûrier et les manufactures de soie couvrirent bientôt tout le pays; les plus nobles familles y contribuèrent elles-mêmes par leur exemple. A la chute de l'empire romain, l'Arabie devint le siège et le centre des sciences, des arts, de la civilisation. Après les conquêtes de Mahomet II, les Sarrasins ou Arabes plantèrent le mûrier et encouragèrent la culture du ver à soie partout où ils avaient établi leur domination, soit dans les îles, soit sur les bords de la Méditerranée. La soie et le mûrier avaient été introduits en Espagne et en Portugal par ces mêmes Arabes, lorsqu'ils eurent conquis ce pays en 711. Ce sont aussi ces conquérants éclairés qui ont fait sortir l'Espagne de l'état barbare dans lequel elle était plongée.

De la Grèce, la culture du ver à soie fut introduite en Sicile et à Naples, en 1146. Là elle est restée longtemps mystérieuse, et ce ne fut qu'en 1546 qu'elle se répandit en Piémont et dans toute l'Italie. Cette culture est aujourd'hui si étendue en Italie, que les deux tiers de tout ce que son commerce fournit aux autres pays consiste en soie. La première introduction de la culture de la soie en France date de 1494; mais elle ne s'y est établie avec succès qu'en 1603, par les soins de Henri IV, dont le nom se conserve dans un perpétuel souvenir pour ses nobles et bienfaisantes actions et pour ses utiles travaux. Olivier de Serres partage avec lui la gloire de la plantation des mûriers en France, plantation à laquelle Sully apportait des obstacles par erreur et par de fausses idées. Colbert, dans le siècle suivant, continua de favoriser efficacement la culture de la soie; et, finalement, la soie et sa manufacture sont devenues une des sources les plus productives de l'opulence de la France.

Quoique la France produise beaucoup de soie, elle importe cependant, chaque année, pour 30,000,000 de francs de soie grège, ou un tiers de ce qu'elle met en œuvre dans ses manufactures.

Quant à l'Angleterre, on a trouvé que l'humidité de son climat ou d'autres causes ne permettaient pas d'y élever le ver à soie avec profit; et les essais qu'on y avait entrepris ont été abandonnés...

La soudaine et extraordinaire extension des manufactures de soie en France et en Angleterre pendant les cinquante dernières années est attribuée principalement à la machine inventée en France par Jacquart, et l'on reconnaît que l'impulsion éprouvée par le commerce de la soie est l'effet de cette même machine, à laquelle on a donné le nom de *métier Jacquard*. Ce métier est construit de manière à exécuter un grand nombre d'opérations qui auparavant étaient partagées entre beaucoup de bras; et il les exécute avec une économie importante dans le temps et dans les dispositions préliminaires; enfin il est si décidément supérieur à tous les autres métiers pour toutes les variétés curieuses de tissus de soie, qu'il est actuellement le seul employé en France et en Angleterre.

Aux États-Unis d'Amérique, pays que la nature a largement favorisé sous tous les rapports, l'introduction de la culture de la soie est couronnée d'un plein succès, et cependant elle n'est due qu'au seul effort individuel. Un jour, la culture du mûrier, la production de la soie et les manufactures de soie y deviendront une source de richesses pour la nation, et l'encouragement à cette industrie constituera un caractère essentiel du système américain. Actuellement la soie importée pour la consommation dans les États-Unis vient le plus ordinairement de France et d'Italie.

La culture de la soie fut introduite en Amérique à une date déjà assez éloignée. Jacques Ier, roi d'Angleterre, il y a plus de 200 ans, envoya en Virginie non seulement des mûriers et des vers à soie, mais aussi un livre composé d'instructions sur leur culture, et employa tous les moyens pour en favoriser l'extension, en même temps qu'il s'efforçait de faire abandonner la culture du tabac. La législature vint en aide aux intentions du roi, et bientôt l'Angleterre reçut des soies recueillies en Virginie et en Géorgie... Franklin venait d'établir une filature de soie à Philadelphie quand la guerre de l'indépendance commença... Pendant plus de 70 ans, on a cultivé la soie dans le Connecticut à peu près selon le système suivi en Chine depuis plus de 4,000 ans, et les habitants y trouvaient un notable profit. Les Américains n'ignorent pas qu'en Chine on donne à manger aux vers à soie à toute heure de nuit et de jour. On reconnaît aux États-Unis qu'il y a de l'avantage à ne pas laisser élever les mûriers au-dessus de 2 à 3 mètres. Le mûrier multicaule y fut introduit en 1840; il y réussit très bien, et ne souffre pas des hivers. Son introduction a été considérée comme une nouvelle source de prospérité, et a réalisé l'espérance de pouvoir faire deux récoltes de soie dans un an; M. Pascalis l'avait prédit en 1830. La soie des vers qui en sont exclusivement nourris est d'un blanc de neige et d'une force supérieure. Un fabricant, M. Charpentier, a reconnu que la soie américaine avait la fibre plus forte et d'une meilleure qualité que celle du Bengale, de la Chine et de la France. Quant aux plantations de mûriers, aux magnaneries, aux manufactures où l'on met la soie en œuvre, elles sont nombreuses aux États-Unis.

LE SUCRE

Le sucre n'a été connu que fort tard en Europe. Les anciens écrivains n'en font aucune mention; il est à peine indiqué par un court passage de Théophraste, qui a terminé sa carrière trois siècles avant Jésus-Christ. Pline l'Ancien et Dioscoride, qui écrivaient dans le Ier siècle de notre ère, le décrivent avec des caractères d'après lesquels il est facile de deviner que la substance dont ils parlent devait être du sucre candi. Selon Paul d'Égine, le sucre était encore peu répandu au VIIe siècle; il n'était guère en usage que comme médicament ou aliment de luxe sur la table des princes. De longues années se sont depuis écoulées avant que l'usage en soit devenu général.

La canne à sucre est originaire de l'Asie orientale; elle croît naturellement dans le sud de la Chine, dans l'archipel Indien, et dans les royaumes de Siam et de Cochinchine. C'est de là qu'elle paraît avoir passé dans l'Hindoustan; puis, beaucoup plus tard, en Arabie, et enfin dans les parties de l'Asie et de l'Afrique qui bordent la Méditerranée, en Nubie, en Éthiopie, etc.

Avant ces transmigrations de la plante elle-même, qui ont donné le moyen de fabriquer le sucre plus près du consommateur, l'usage s'en introduisait avec une extrême lenteur chez les Occidentaux. Il fallait que cet article passât de main en main, de la Chine dans les ports de l'Inde, de là dans le golfe Persique ou dans la mer Rouge, et qu'il achevât, par la voie des caravanes, jusqu'au littoral de la Méditerranée, la route qu'il avait à parcourir. Les trafiquants de ces temps éloignés avaient à se charger d'articles plus précieux et dont l'encombrement était moins grand; il n'est donc pas étonnant que le sucre soit resté une chose rare et presque de curiosité. Ce sont vraisemblablement les invasions des Sarrasins qui ont développé en Europe le besoin de cette consommation.

Dès le VIIIe siècle, ces Arabes acclimatèrent dans l'Espagne, qu'ils venaient de conquérir, la canne à sucre, dont la culture et la préparation leur étaient familières. Les royaumes de Valence, de Murcie et de Grenade furent les premiers dotés de cette importation. Les plantations s'y sont conservées au point qu'en 1664 elles avaient toujours de l'importance, et qu'aujourd'hui quelques-unes subsistent encore.

Dans le cours du IXe siècle, les Sarrasins, devenus maîtres des îles de Rhodes, de Chypre, de Crète et de Sicile, y transportèrent la canne à sucre; mais les guerres des croisades causèrent un grand dommage à cette culture, devenue une source de prospérité pour ces pays.

Vers le milieu du XIIe siècle, les Vénitiens, alors possesseurs presque exclusifs du commerce maritime de l'Europe, trouvaient à s'approvisionner de sucre en Sicile à meilleur marché qu'en Égypte, et le célèbre voyageur contemporain Marco-Polo, en remarquant que la culture de la canne existait au Bengale, ne donne pas à penser que l'Europe eût besoin de recourir à ce pays lointain.

Les croisades, en mettant les peuples de l'Occident en rapport avec les Orientaux, de même que l'activité de la navigation des Vénitiens, des Génois, des Pisans, étendirent le goût et le besoin du sucre dans toute l'Europe.

Au commencement du XVe siècle, les Portugais et les Espagnols portèrent des plants de canne aux îles Canaries et Madère. On suppose même que c'est de ce dernier endroit que la canne a passé dans le nouveau monde, bien que plusieurs historiens prétendent qu'elle croissait naturellement en divers lieux de l'Amérique.

Le sucre était, comme aujourd'hui, de qualité différente, suivant les pays de culture et l'habileté des producteurs. Celui de Madère paraît avoir joui d'une certaine supériorité; celui d'Arabie et d'Égypte était, au contraire, fort défectueux. Vers la fin du XVe siècle, les Vénitiens inventèrent les procédés du raffinage, art qui a été porté de nos jours à un si haut degré de perfection.

La petite île de Saint-Thomas, sous l'équateur, appartenant aux Portugais, avait en 1520 un grand nombre de sucreries. Les auteurs contemporains estiment qu'elle produisait plus de deux millions de kilogrammes. A la même époque, la canne, portée à Haïti par les Espagnols, y avait fait de grands progrès; favorisée par le climat et le sol, elle donnait trois ou quatre fois autant de produits qu'en Espagne, et vingt-huit presses étaient occupées à la fabrication du sucre.

Cette culture, propagée sur divers points du continent américain, acquit de l'importance au Brésil. C'est de là que les Portugais exercèrent le monopole de l'approvisionnement de l'Europe pendant la fin du XVIe siècle et le commencement du XVIIe. Lisbonne dut à ce trafic, réuni au commerce de l'Inde, l'époque de sa plus grande splendeur.

Diverses causes contribuèrent à déplacer cette source de richesses. Le Portugal tomba sous le joug de l'Espagne; les établissements des autres nations européennes dans les Indes occidentales commencèrent à songer au sucre. La culture de la canne s'était, à la vérité, conservée dans les grandes Antilles, mais avec si peu d'importance, que, lorsque les Anglais s'emparèrent de la Jamaïque, en 1656, ils n'y trouvèrent que trois sucreries. A la Barbade, dès 1646, on commença à exporter du sucre, et les habitants se montrèrent si actifs, que le commerce de cette île occupait, trente ans plus tard, quatre cents navires. Ils avaient tiré du Brésil leurs premiers plants de canne.

Sous l'empire des lois qui garantissaient à chaque métropole le commerce exclusif de ses colonies, la production du sucre s'est donc développée avec la richesse des consommateurs. Après avoir satisfait d'abord les besoins des producteurs eux-mêmes, il a fallu approvisionner l'Europe. Les colonies, suivant la fortune de leur mère patrie, ont tour à tour été appelées à prendre une part plus ou moins grande à ce développement d'industrie. On trouve de loin en loin quelques traces de l'histoire du sucre à cette époque.

La production de Madère et de Saint-Thomas a remplacé et fait languir celle de la Sicile, de l'Égypte et de l'Arabie. Plus tard la culture de la Terre-Ferme et du Mexique a amené la réduction de celle de l'Andalousie. Le Brésil enfin, sous la domination portugaise, est devenu le centre principal de la production, et jusque vers le milieu du XVIIe siècle il a été en possession d'approvisionner, par la voie de Lisbonne, presque tous les marchés de l'Europe. Ce n'est que vers 1720 et 1730 que les autres nations ont pu se pourvoir ailleurs. Le Brésil, au milieu de ses diverses fortunes, est resté un des points les plus importants de la production actuelle.

Il ne sera pas sans intérêt de signaler le mouvement comparatif de la production du sucre chez les diverses nations à certaines époques du siècle dernier. Les colonies anglaises importaient, dès 1731, dans la Grande-Bretagne, sept à huit cent mille quintaux de sucre; vers 1780, ce produit se trouvait presque doublé.

En 1736, le Brésil en exportait encore quarante millions de kilogrammes; les colonies hollandaises de l'Amérique du Sud, vingt à vingt-cinq millions.

Dans les possessions françaises, Saint-Domingue, la seule île où la culture se soit développée, fournissait, dès 1726, vingt millions de kilogrammes de sucre; en 1767, soixante-deux millions; en 1779, soixante-quinze, et près de quatre-vingt-deux en 1790.

Vers 1775, la Martinique, la Guadeloupe et Cayenne exportaient ensemble vingt-deux millions de kilogrammes de sucre.

Enfin de nos jours, la production du sucre de canne peut être évaluée, dans son mouvement pour l'Europe, la Méditerranée et l'Amérique septentrionale, au chiffre énorme de six cent vingt millions de kilogrammes en totalité; et, en dehors de cette production prodigieuse, il faut compter encore la production immense et rivale du sucre de betterave, aujourd'hui si florissante.

On pourrait conclure naturellement, de tout ce qui précède, que le sucre est un des produits dont la consommation est la plus répandue sur le globe; mais on aurait tort : cette production si utile, si salutaire, serait quadruplée, qu'elle satisferait à peine aux besoins qu'éprouve l'humanité de toutes ses propriétés bienfaisantes. Nous allons les rappeler ici sommairement.

Les hommes ont pour le sucre un goût prononcé, que les animaux partagent; les chiens, les chevaux, les bœufs, les oiseaux, les insectes, les reptiles et même les poissons, sont avides d'aliments sucrés. Le sucre est, en effet, un des principaux éléments de presque toutes les substances végétales.

Une petite quantité de sucre aide à soutenir la fatigue mieux que toute autre nourriture. En parcourant les déserts brûlants de l'Arabie ou de l'Afrique, le voyageur qui s'arrête haletant et couvert de sueur trouve un plaisir inexprimable à manger deux ou trois petites boules de sucre mélangées avec de la farine, que n'oublie jamais de porter l'indigène dans ses voyages aventureux.

Les chasseurs anglais ont adopté cette espèce d'aliment dans leurs excursions lointaines.

Pendant la durée de la moisson des cannes dans les Antilles, les nègres, quoiqu'à cette époque leur travail devienne très fatigant, sont cependant plus gras, mieux portants, plus gais que tout le reste de l'année; pourtant ils négligent leur manioc et ne se nourrissent plus que de jeunes pousses de cannes qu'ils mangent en travaillant. Les chevaux et les mulets qu'on nourrit pendant ce temps des résidus de la fabrication, reprennent toute leur force et leur embonpoint.

Dans la Cochinchine, ce ne sont pas seulement les éléphants, les chevaux, les buffles qu'on engraisse à l'aide de la canne. On alloue à tous les soldats de la garde particulière du monarque, au nombre de cinq cents, une certaine somme quotidienne, au moyen de laquelle il leur est enjoint d'acheter des cannes, qu'ils mangent *par ordre :* ce qui leur conserve ou leur rend la bonne mine qu'on remarque en eux. Dans ce pays, le riz et le sucre sont presque les seuls aliments dont toutes les classes riches ou pauvres fassent usage : le déjeuner ne se compose jamais d'autre chose. C'est dans le sucre que l'on conserve les fruits, les légumes, les gourdes, les concombres, les radis, les grains de lotus, et jusqu'à la feuille grasse et épaisse de l'aloès.

Dans l'Inde on mange souvent du mouton tué sur le marché de Londres, et conservé pendant tout le voyage dans un baril de sucre. Cette viande, disent les voyageurs, est, après ce temps, aussi fraîche qu'en sortant de la boucherie. Les chimistes reconnaissent bien cette propriété au sucre puisqu'ils recommandent le mélange d'une certaine quantité de cette substance avec le sel qui sert à la salaison de la viande et même du beurre.

Dans les régions tropicales, le jus nouveau de la canne est considéré comme un remède efficace pour un grand nombre de maladies. On l'applique même avec succès, à l'extérieur, dans le traitement des ulcères et autres plaies. Sir John Pringle affirme que jamais la peste n'a visité les lieux où le sucre entre pour une part considérable dans la diète des habitants. Un grand nombre de médecins ont émis l'opinion que l'usage du sucre diminue la fréquence des fièvres malignes ; ils le regardent comme un adoucissant très utile dans les maladies de poitrine.

Franklin trouvait un grand soulagement aux douleurs que lui causait la pierre, dans l'usage du sucre. Tous les soirs, avant de se coucher, il buvait un grand verre de sirop de sucre brut, et assurait que ce remède lui procurait une quiétude aussi profonde que l'eût pu faire une dose d'opium, sans être, comme ce dernier remède, suivi d'agitation.

Le scorbut, cette terrible affection qui porte ses ravages dans les équipages des navires, a cédé à l'usage du sucre prescrit aux malades. Les vers qui tourmentent les enfants disparaissent au moyen du même traitement.

On a souvent dit que l'usage du sucre faisait tomber les dents ; ce ne sont pas celles des nègres des sucreries sur lesquelles il produit cet effet, car elles sont aussi blanches que des perles.

LES TAPIS DE TURQUIE

Ushak, bâtie dans une plaine à l'entrée de laquelle s'élevait autrefois Timenothira, en Phrygie, se trouve placée sous la dépendance du pacha de Kiusaja. Sa population s'élève à environ vingt-quatre mille âmes; on y compte à peu près quatre mille maisons turques, cent cinquante grecques et une trentaine d'arméniennes; elle renferme douze kans, dix-sept mosquées, une église grecque et une église arménienne. Les habitants sont très peu civilisés; leurs mœurs sont farouches. Ushak est entourée de plusieurs villages qui sont entièrement adonnés à l'agriculture, laquelle forme une des plus riches branches de ses revenus. Le blé de ce district est le plus estimé de l'Asie Mineure pour sa qualité. Il y a quelques années, la culture de l'opium y était très étendue; mais depuis que cette plante a été mise en monopole, sa récolte a sensiblement diminué. Les peaux de bouc teintes en rouge sont un des principaux articles d'exportation. Smyrne tire d'Ushak, mais en petite quantité, des peaux de lièvre et des noix de galle.

Mais ce qui rend Ushak une place bien intéressante sous le rapport de l'industrie, c'est qu'elle est la seule ville dans l'empire ottoman où se fabriquent les tapis proprement dits de Turquie, sous la dénomination de *tapis de Smyrne*. Les hommes d'Ushak, exclusivement adonnés à l'agriculture, passent la plus grande partie de leur temps dans les *caffenés*, laissant aux femmes seules le travail de cette fabrication, dont elles s'acquittent aussi bien que leur adresse et leur intelligence tout à fait inculte leur permettent de le faire. Aussi, depuis que cette industrie existe à Ushak, elle n'a éprouvé aucune amélioration, soit dans la perfection des ouvrages, soit dans les dessins qu'on y emploie. Ces derniers consistent en sept différents modèles qui se perpétuent par tradition et n'ont jamais varié jusqu'aujourd'hui, si ce n'est dans les nuances des couleurs du fond. C'est en vain que les Européens, qui font une consommation considérable de ces tapis, ont cherché plusieurs fois à obtenir des dessins mieux adaptés aux tapisseries de leur ameublement. Les femmes turques ne s'écartent pas de leur système, et quiconque persisterait à établir un changement doit s'attendre à rencontrer beaucoup d'obstacles et à voir gâter bien des tapis pour son compte, avant d'obtenir même une amélioration très incertaine.

La laine employée à ce genre de travail arrive à Ushak du pays des Kurdes, tribus nomades qui vivent de leurs bergeries, et descendent chaque année de leurs montagnes dans la plaine d'Ushak pour y vendre la laine de leurs troupeaux. Les riches habitants de cette ville vont l'y acheter en parties brutes, qu'ils détaillent ensuite à crédit aux pauvres, par très petites quantités, et moyennant un fort bénéfice. Les femmes qui l'achètent s'occupent presque toute l'année de la filature de cette laine, dont le fil très gros ne peut servir qu'à la fabrication des tapis. Elles commencent d'abord par la bien laver, opération qui leur en fait perdre plus de la moitié; elles la cardent ensuite sur une machine grossièrement dentelée, et séparent ainsi les longs fils de ceux qui sont plus courts. Elles filent d'abord les premiers, qui sont destinés à former la chaîne du métier; les seconds sont employés pour la trame. Cette laine ainsi préparée est portée au marché, où on l'achète par poids de deux cents drachmes. Les propriétaires de métiers vont s'y pourvoir de la quantité nécessaire à la fabrication des ouvrages qui leur ont été commandés. Le métier est composé d'un grand cadre en bois formé de deux cylindres placés horizontalement, et supportés aux bouts par deux poutres perpendiculaires; sur le cylindre supérieur sont roulés les fils de la chaîne qui s'étend sur le métier, et sur le cylindre inférieur on roule le tapis, à mesure que l'ouvrage avance; ces métiers sont établis dans l'intérieur de chaque maison, car il n'y a point d'établissement public consacré à ce genre de fabrication. Pour les tapis de première qualité, les extrémités de la chaîne sont teintes en vert, et forment ensuite la frange. Les travailleuses s'asseyent sur des bancs vis-à-vis de leurs métiers, et chaque pik de tapis en largeur requiert une ouvrière, de manière qu'un tapis large de douze piks occupera douze personnes à la file. La teinture est donnée aux fils de laine avant qu'ils soient mis sur le métier; le bleu seul de différentes nuances se prépare chez les teinturiers; les autres couleurs sont données par les femmes, même chez elles; et elles en tirent la substance de divers végétaux qui croissent dans les environs de la ville.

On calcule qu'Ushak produit annuellement soixante-dix mille piks de tapis, qui se vendent de vingt à vingt-trois piastres le pik, excepté pour ceux de commande, qui valent jusqu'à trois piastres de plus, et au confectionnement desquels on apporte aussi plus de soin pour la finesse du tissu et la richesse du dessin. Le transpor d'Ushak à Smyrne, comme dans presque toute l'Anatolie, se fait à dos de chameaux et de mulets, et les caravanes emploient à ce trajet sept journées de marche.

Un usage singulier ne permet pas aux filles d'Ushak de se marier avant qu'elles aient tissu elles-mêmes leur premier tapis, qui est mis en réserve pour faire partie de leur trousseau. Le travail d'une ouvrière pouvant subvenir à l'entretien d'une famille, les hommes achètent, pour ainsi dire, leurs épouses par des présents qu'ils font aux parents; celui qui donne le plus a la préférence; aussi les plus habiles sont-elles les plus recherchées, et leurs parents en obtiennent des cadeaux plus considérables.

LE TÉLÉGRAPHE AERIEN

Il n'est pas rare qu'on soit entouré d'objets dont on ne connaît ni l'origine, ni l'histoire; c'est même un des caractères distinctifs des masses que cette indifférence pour ce qu'elles ont l'habitude de voir. Nous sommes persuadé, par exemple, que parmi les mille personnes qui, chaque jour, levaient les yeux vers l'ancien télégraphe aérien, bien peu auraient pu donner quelques détails sur cette ingénieuse invention.

Le mot télégraphe veut dire *écrire de loin*. La première idée de ce merveilleux appareil est due à Amontons, célèbre physicien, qui avait établi une ligne de correspondance, par signaux, avec un ami. Les frères Chappe s'emparèrent de cette ingénieuse idée, la perfectionnèrent et la rendirent d'une facile application. Ils firent un premier essai de leurs procédés en mars 1791, dans le département de la Sarthe, et, comprenant toute l'utilité des télégraphes pour les correspondances du gouvernement ils offrirent, dès 1792, d'en établir les lignes. Le 4 août 1793, la Convention nationale décréta l'établissement d'une ligne télégraphique de Paris à Lille; on en obtint les résultats les plus satisfaisants. A partir de cette date, les télégraphes se sont multipliés; les étrangers se sont aussi emparés de cette invention; mais nulle part elle n'a été aussi bien entendue qu'en France.

Pour donner une idée de la vitesse des transmissions par cette voie, nous dirons qu'on pouvait faire passer un signal de Paris à Lille (30 myriamètres) et avoir la réponse en trois minutes;

Paris on avait, par le même moyen, des nouvelles de Calais (34 myr.), en quatre minutes cinq secondes; de Strasbourg (60 myr.), en cinq minutes cinquante-deux secondes; de Toulon (103 myr.), en treize minutes cinq secondes; de Brest (75 myr.), en six minutes cinquante secondes.

Un jour, un ordre partit de Paris pour Brest, où il arriva en quelques minutes, et le lendemain matin, en vertu de cet ordre, une flotte appareillait.

Pour établir une ligne télégraphique, on choisissait de distance en distance certains points élevés où l'on construisait un bâtiment pour loger les machines. L'intervalle variait; mais il était en moyenne de douze kilomètres. Chaque poste employait deux hommes qui recevaient 500 fr. chacun; ils se relevaient de faction à des heures réglées. Si le guetteur venait à s'absenter, la communication était interrompue; alors un signal transmis par la station voisine indiquait rapidement l'absence; une peine était immédiatement appliquée.

A chaque extrémité d'une ligne résidait un directeur qui communiquait avec Paris; des inspecteurs surveillaient fréquemment les localités, pour s'assurer de l'état des hommes et des machines.

Le secret des communications n'était confié qu'à deux traducteurs, qui connaissaient la valeur des signes, occupaient chacun une extrémité de la ligne et commandaient la série des signaux. Du reste, la valeur des signes pouvait changer quand le gouvernement le jugeait à propos, et l'on pouvait même envoyer directement des ordres sans que les traducteurs les comprissent, pourvu que les signes en fussent convenus d'avance avec celui à qui ils s'adressaient. Certains signes étaient connus de tous les préposés pour répandre, s'il le fallait, les nouvelles ou les ordres sur toute la route. Le guetteur était muni d'une longue-vue fixée au mur, et dirigée vers le télégraphe qu'il devait observer, et d'une autre tournée vers celui qu'il commandait. S'il voyait un signal, il l'imitait sur-le-champ à l'aide de manivelles; aussitôt le télégraphe qui surmontait l'édifice prenait les mêmes positions. Ce guetteur enregistrait chaque signal, et attendait, pour en faire un second, qu'il fût certain d'avoir été vu et imité fidèlement par le télégraphe qui le suivait.

La durée de chaque signe était, terme moyen, de dix à vingt secondes. L'expression d'un mot, d'une phrase, d'une lettre n'exigeait qu'un signe, selon la valeur conventionnelle. Le levier moteur prenait la position qu'on voulait donner à la partie extérieure de l'appareil, que la force et la solidité rendaient capable de résister aux plus forts ouragans.

Les bras du télégraphe pouvaient produire deux cent cinquante signaux; or tous les sens et toutes les inflexions de la langue française se réduisent à trente-trois, en sorte qu'il suffisait de trente-trois signes pour écrire toutes les inflexions du langage; bien entendu, on laissait de côté toutes les règles de l'orthographe. Les autres signaux étaient destinés à indiquer les mots d'un fréquent usage.

Les avis pouvaient partir soit de Paris, soit de l'autre extrémité de la ligne; en sorte que le préposé d'une station commandait, ou était commandé, selon le cas. Lorsque des avis arrivaient en même temps des deux extrémités, il y avait nécessairement un point de la chaîne qui se trouvait à la fois commandé par les deux télégraphes qu'il apercevait; mais à l'instant il faisait un signal qui avertissait l'un des deux de suspendre la série des signes et d'adopter ceux qu'il recevait. Ce signal, transmis en rétrogradant, imposait silence à l'une des extrémités jusqu'à ce que l'autre eût cessé de parler; alors elle reprenait la suite de ses signaux. Les instructions données aux employés leur indiquaient d'avance quelle était la série qu'il importait préférablement de continuer.

LE TÉLÉGRAPHE ÉLECTRIQUE

Le télégraphe aérien de Chappe, après avoir rendu de véritables services pendant un demi-siècle, a été abandonné partout pour le télégraphe électrique, dans lequel les signaux sont transmis par un courant d'électricité produit par la pile voltaïque.

Le courant voltaïque n'a aucune tension, c'est-à-dire aucune tendance à s'échapper dans l'air atmosphérique en abandonnant ses conducteurs; il est donc facile de lui faire suivre un circuit étendu, au moyen des fils métalliques, pourvu que ces fils soient convenablement isolés. Mais le courant électrique une fois rendu à l'extrémité de la ligne, sans aucune déperdition appréciable, il fallait lui faire produire à cette extrémité un mouvement sensible. On y est arrivé au moyen de l'électro-magnétisme.

L'électro-magnétisme, découvert en 1820 par Œrstedt, consiste en ceci, qu'un courant voltaïque circulant autour d'une aiguille aimantée agit à distance sur cette aiguille, et la dévie de sa position naturelle. On comprit aussitôt qu'il était facile d'appliquer ce fait remarquable à la télégraphie électrique, et Ampère proposait d'établir autant de fils métalliques et d'aiguilles aimantées qu'il y a de lettres, en ajoutant à la pile un clavier mobile, portant les mêmes lettres, qui établirait la communication par l'abaissement de ses touches.

Cet appareil eût sans doute fonctionné difficilement, le courant voltaïque ne produisant sur l'aiguille qu'un effet mécanique très faible, si l'on n'eût trouvé le moyen d'en augmenter l'intensité d'une manière très notable. Le physicien Schweigger reconnut qu'un courant voltaïque circulaire agit par toutes ses parties pour influencer l'aiguille aimantée, de telle sorte que si l'on enroule sur lui-même le fil conducteur d'une pile, en l'isolant par une enveloppe de soie, et qu'on place l'aiguille au milieu de cet assemblage, avec cent tours, par exemple, on obtient un effet cent fois plus grand qu'avec un seul fil. L'intensité de la force électrique étant ainsi accrue d'une manière considérable, au moyen du *multiplicateur* de Schweigger, il devint facile de l'appliquer à la télégraphie, et plusieurs télégraphes furent construits d'après ce système.

Une nouvelle découverte, due à Arago, vint bientôt modifier ces premiers essais. Arago reconnut que l'électricité circulant autour d'une lame de fer doux, communique à ce métal les propriétés de l'aimant. Ainsi, en enveloppant une lame de fer doux d'un long fil de cuivre recouvert de soie, en faisant décrire au fil un grand nombre de révolutions, on y détermine sur-le-champ, par l'action d'un courant électrique, une aimantation énergique, qui cesse aussitôt que la communication électrique est rompue. L'instantanéité de ce double phénomène d'aimantation temporaire et de cessation de l'aimantation n'est pas moins remarquable que le phénomène lui-même, de telle sorte que, dans une seconde, par exemple, on peut produire plusieurs fois dans le fer, et à volonté, ces alternatives d'aimantation et d'état naturel.

C'est ce phénomène de l'aimantation temporaire du fer par l'électricité qu'on met en œuvre aujourd'hui pour la télégraphie électrique. Voici comment les appareils sont disposés.

Imaginons un fil métallique tendu entre deux stations éloignées, et à la station d'arrivée, enroulons ce fil autour d'un cylindre de fer doux. Le fluide électrique, envoyé de la station de départ, circulera autour du fer doux, l'aimantera instantanément, et, grâce à cette aimantation, pourra lui faire produire une action mécanique. Ainsi, par exemple, le fer doux pourra attirer à lui un disque de métal, qui, agissant sur un ressort, permettra à un mécanisme d'horlogerie de se mettre en mouvement, et à une aiguille de circuler sur un cadran alphabétique. Aussitôt que la communication électrique sera interrompue, l'aiguille s'arrêtera, pour reprendre sa marche aussitôt que le courant sera rétabli.

A la station de départ, on place un cadran alphabétique semblable, manœuvré à la main, et dont les dents ouvrent ou ferment alternativement le circuit électrique. Comme les cadrans sont en parfaite concordance, il est évident que si, au début de l'opération, on place leurs aiguilles sur un point correspondant, les mouvements qu'on imprimera à l'aiguille de la station de départ, seront exactement reproduits par l'aiguille de la station d'arrivée. On pourra donc ainsi écrire à distance une longue dépêche, l'aiguille de la station d'arrivée s'arrêtant un instant sur les lettres de son cadran, à la volonté de l'expéditeur. Tel est, dans sa plus grande simplicité, le mécanisme du télégraphe électrique.

Bien des perfectionnements ont été introduits dans ce premier appareil. Il y a maintenant des télégraphes qui, au moyen d'un crayon ou d'une pointe d'acier, écrivent eux-mêmes les dépêches sur une bande de papier en signes conventionnels; il y a des télégraphes qui impriment en caractères ordinaires; il y a des télégraphes qui transmettent des dessins, des portraits, et par conséquent l'écriture même de l'expéditeur. Enfin le génie de l'homme a été assez audacieux pour jeter un câble entre les deux mondes, et envoyer ses dépêches à travers l'Océan.

Citons maintenant quelques chiffres pour donner une idée de la rapidité des transmissions télégraphiques. En 1849, le volumineux message du président Polk, aux États-Unis, contenant plus de 50,000 mots, fut transporté en un jour de Baltimore à Saint-Louis, alimentant de copies sur son passage dix-sept villes de l'Union. Encore faut-il en déduire deux heures perdues à la suite d'un orage. — La nouvelle de la mort de l'empereur Nicolas, en 1855, est parvenue de Saint-Pétersbourg à Londres en quatre heures. On a remarqué, à cette occasion, que la dépêche annonçant la mort de l'empereur Paul, en 1801, avait mis vingt et un jours pour arriver en Angleterre. — Enfin, il suffit de quelques minutes pour correspondre entre l'Europe et l'Amérique.

LE THÉ

L'usage du thé en Chine et au Japon, seuls pays où on le cultive, remonte à une très haute antiquité. Il a une origine toute merveilleuse. « Darma, disent les Japonais, prince indien très pieux, vint en Chine pour y prêcher la religion. Il passait les nuits à prier; à force de fatigue et de jeûne il succomba au sommeil. Le lendemain, se réveillant, il crut avoir manqué à ses devoirs; pour ne plus retomber dans la même faute, il se coupa les paupières, et les jeta par terre. Lorsqu'il retourna, le jour suivant, à l'endroit où il avait fait cette bizarre exécution, il vit chacune de ses paupières changée en un arbrisseau inconnu : c'était le thé. Darma en mangea les feuilles, et sentit tout à coup renaître en lui une force toute nouvelle. Ses élèves firent usage de cette feuille, et la Chine, comme le Japon, suivit l'exemple de Darma. » Cette fable est une ingénieuse allusion aux propriétés du thé, boisson ordinaire des peuples de l'Orient, auxquels elle assure une source inépuisable de revenus et de prospérité.

La compagnie hollandaise des Indes orientales introduisit la première le thé en Europe, au commencement du XVIe siècle. Il fut importé de Hollande en Angleterre vers 1666. Peu à peu l'usage s'en répandit tellement, qu'en 1700 l'importation s'éleva à près de dix-neuf mille kilogrammes. Aujourd'hui, cette importation est d'environ quinze millions de kilogrammes par an; ce qui équivaut à près de cinq cents grammes par individu de tout rang, de tout sexe, de tout âge, dans les possessions de la Grande-Bretagne.

Le thé n'a été connu longtemps en France que comme médicament. C'est à la fin du XVIIe siècle qu'il devint à la mode. Depuis on a tenté de le naturaliser en Europe; mais bien qu'il en soit venu au jardin des Plantes de Paris et ailleurs, ce sont toujours des arbustes sans force, incapables de donner aucun fruit.

Au Japon, on sème le thé, à certains intervalles, sur la lisière des champs cultivés : de cette manière son ombre ne peut nuire aux moissons, et on en peut ramasser les feuilles avec plus de facilité.

En Chine, on le cultive en plein champ; il se plaît surtout sur la pente des coteaux exposés au midi, dans le voisinage des rivières et des ruisseaux.

Lorsque les jeunes plants ont atteint l'âge de trois ans, on en peut cueillir les feuilles; à sept ans, ils n'en produisent plus qu'une petite quantité; lors de la saison des récoltes, c'est-à-dire à la fin de février ou dans les premiers jours de mars, on loue des ouvriers dont l'habileté en ce genre de travail est surprenante. Ils ramassent jusqu'à cinq et huit kilogrammes de feuilles par jour, quoiqu'ils ne les détachent qu'une à une. Le meilleur thé provient de cette récolte; les feuilles, n'ayant alors que plusieurs jours de pousse, sont tendres, couvertes d'un léger duvet. Cette première cueillette est appelée, au Japon, thé *moulu*, parce qu'il est réduit en poudre que l'on hume dans l'eau chaude; sa rareté, son prix, le font réserver pour les princes et les riches, et nommer thé *impérial*. La deuxième récolte se fait au commencement d'avril; on l'appelle thé *chinois*, parce qu'on le prend à la manière des Chinois. La troisième et dernière a lieu vers le mois de juin; c'est la plus grossière; elle est réservée pour le peuple; alors les feuilles de thé, très touffues, sont parvenues à une pleine croissance.

Les bâtiments où se manipulent les feuilles de thé contiennent depuis cinq jusqu'à vingt petits fourneaux, hauts d'environ un mètre, portant une sorte de poêle de fer, large et très plate, fixée sur le côté qui domine la bouche du fourneau : ce qui garantit complètement l'ouvrier de la chaleur et empêche les feuilles de tomber.

Des ouvriers assis autour d'une table longue et basse couverte de nattes sur lesquelles on pose les feuilles, sont occupés à les rouler. Sur la poêle, modérément chauffée, on place quelques livres de feuilles nouvellement cueillies. Ces feuilles fraîches et pleines de sève pétillent quand elles touchent la poêle; l'ouvrier doit alors les remuer le plus vivement possible, jusqu'à ce qu'elles deviennent si chaudes que ses mains nues ne puissent plus en supporter la température. C'est l'instant de les enlever, à l'aide d'une sorte de pelle qui ressemble à un éventail, et de les verser sur des nattes. Les ouvriers destinés à rouler ces feuilles les frottent dans leurs mains, toujours dans la même direction, tandis que d'autres les éventent pour en hâter le refroidissement.

En Chine on trempe les feuilles dans l'eau chaude une demi-minute avant de les torréfier; alors la chaleur, en les dépouillant de leurs sucs, leur fait perdre leur qualité enivrante. Tous ces procédés ayant été répétés jusqu'à trois fois, le thé est trié et mis en magasin.

Il y a deux espèces de thés bien distinctes : les *noirs* et les *verts*. Les uns et les autres sont au nombre de sept ; restent encore quelques autres espèces rares venant par la voie des caravanes chinoises, qui se rendent sur la frontière russe; mais on ne leur accorde qu'une supériorité assez contestée.

DES VÊTEMENTS DE L'HOMME

Si les anciens habitants de la terre eurent une difficulté extrême à s'abriter commodément contre les rigueurs des saisons, à plus forte raison en éprouvèrent-ils à se façonner des vêtements. Primitivement certaines nations se couvraient de l'écorce des arbres, de feuilles de figuier ou de roseaux grossièrement entrelacées. Souvent aussi des peaux d'animaux étaient employées aux mêmes fins, sans la moindre préparation. A mesure que disparut la barbarie, on commença à songer à la laine des brebis, et à se demander s'il n'y aurait pas moyen d'unir en un seul fil les diverses parties de cette matière, à l'aide d'une espèce de fuseau. Voyant leurs efforts couronnés de succès : Tâchons maintenant, se dirent-ils, d'imiter l'araignée. Ils le firent ; et voilà comment l'art du tissage fut inventé. De là cette coutume invariable qui subsistait chez les Juifs 1,500 ans avant Jésus-Christ, de recueillir les toisons de leurs moutons à des époques déterminées ; et ils en faisaient un grand cas.

L'histoire, vraie ou fabuleuse, de la toile de Pénélope nous prouve que la laine ne fut pas la seule matière à laquelle on imagina d'appliquer l'art du tissage : en effet, le cotonnier croissait dans la haute Égypte; on en fabriquait des étoffes, et les prêtres égyptiens s'en faisaient des tuniques merveilleuses. Il est incontestable que des vêtements de coton et de lin étaient en usage au temps des patriarches : Moïse n'ordonne-t-il pas à son peuple de ne pas porter d'habillement de toile? Les anciens Babyloniens mettaient immédiatement sur leur peau une tunique de batiste, qui leur descendait, à la mode orientale, jusqu'aux pieds. Il en était de même des Athéniens.

Dans le siècle d'Auguste, plusieurs peuples avaient déjà atteint à une haute perfection dans la fabrication des étoffes de lin. « La toile, dit Pline, qu'on désigne sous le nom de *rétovine*, est si fine, que ses fils sont ténus comme ceux de l'araignée. J'ai vu un fil de chanvre de Cumes si délié, qu'un grand filet fait de cette matière aurait passé à travers une bague; et j'ai entendu parler d'un homme qui pouvait en porter sur le dos autant qu'il en faudrait pour ceindre une forêt entière. »

Dans le musée égyptien de Paris, on peut voir des momies trouvées au Caire; la toile qui les enveloppe n'est guère moins fine que la batiste de nos jours, et pourtant elle a dû être tissée il y a trois mille ans. Mais voyez s'acheminant le long du désert, et mille ans avant l'ère chrétienne, ces messagers du roi Salomon allant chercher en Égypte, de la part de leur maître, des toiles en lin filé. Un peu plus tard, la ville de Tyr acquiert une éminente célébrité par la beauté de ses tissus de lin; pour les voiles de ses vaisseaux, elle employait de la toile fine d'Égypte brodée splendidement. Il ne faudrait pas croire pour cela que toutes les voiles du temps fussent en matières aussi précieuses; semblables à celles des Arabes de nos jours, elles se composaient en général de joncs nattés.

Les femmes portaient communément des vêtements blancs; aussi les anciens avaient-ils de bonne heure fait de rapides progrès dans l'art du blanchiment. Tout en ignorant, bien entendu, le procédé expéditif de l'illustre Berthollet, ils savaient néanmoins tirer parti des substances détersives, pour communiquer à leurs étoffes une blancheur éclatante. « Il existe chez nous, dit Pline, une espèce de pavot recherché qui blanchit merveilleusement le drap de lin. »

La base du savon dur de nos jours était indubitablement connue des anciens. Le *natron*, qu'on récolte dans les lits du Nil, s'y amassait vraisemblablement en quantités aussi abondantes dans les premiers siècles du monde. Homère nous montre Nausicaa et ses compagnes foulant aux pieds leurs robes, afin de les blanchir pour une noce qui se préparait. A ce sujet-là même, Goguet affirme que tous les vêtements de lin et de coton étaient lavés journellement.

L'habileté des anciens à communiquer à leurs toiles de lin et de coton[1] et à leurs draps de laine un éclat qui ne le cédait pas à celui de la neige, ne se démentait nullement lorsqu'il s'agissait de les colorer. Il y a plus de trois mille ans, une mégère rusée attacha un ruban d'écarlate autour de la main d'un des enfants de Tamar, et Homère cite les draps colorés de Sidon comme des productions

[1] On croit communément que le mot *calicot* dérive de Calicut, ville de l'Hindoustan, d'où sont venus en Europe les premiers échantillons de cette matière.

admirables. Jacob fit pour son cher Joseph « une robe de plusieurs nuances », et le roi de Tyr envoya dans le palais de Salomon un homme sachant travailler à merveille l'or, l'argent, etc., et produire sur la toile fine des teintes de pourpre, de bleu et de cramoisi. Suivant Hérodote, qui écrivait 400 ans avant Jésus-Christ, quelques peuples du Caucase macéraient dans de l'eau les feuilles d'un certain arbre, qui fournissaient ensuite une couleur éclatante, à l'aide de laquelle on dessinait sur les étoffes des figures de lions, de singes, de dauphins et de vautours.

Parmi les preux Argonautes qui périrent en Colchide, il s'en trouvait un qu'un historien distingue par sa tunique *peinte*, en même temps qu'il exprime son admiration de la blancheur de la toile fine que portait le héros. A propos de la Colchide, c'est là que les meilleurs matériaux pour la teinture se recherchaient anciennement. Tous les ans on rencontrait, sur les routes qui conduisaient de la Géorgie aux principales villes de l'Inde, un immense troupeau de deux mille chameaux chargés de garance.

La pourpre de Tyr était connue à une époque infiniment reculée, et les teinturiers de la Phénicie surpassaient en habileté ceux de toutes les autres nations de l'Orient. Ce peuple allait chercher, il y a 3,000 ans, jusque dans la Grande-Bretagne, une énorme quantité d'étain, métal dont certains sels ont la propriété d'augmenter l'intensité des principes colorants rouges renfermés dans plusieurs substances végétales et animales. Les Tyriens, étonnés de la haute opulence de leur ville, attribuaient aux dieux l'art magique de teindre en pourpre. Tous les écrivains font allusion à un insecte auquel les Phéniciens étaient redevables de la supériorité avec laquelle ils savaient produire une écarlate admirable. C'était évidemment la cochenille; et ce petit insecte devait être en ces temps moins rare qu'aujourd'hui, dans la Syrie, dans l'Inde et en Perse, puisque les classes les plus pauvres portaient fréquemment des étoffes colorées en pourpre. Mais ces peuples ignoraient l'art d'extraire de la cochenille le carmin, le plus beau des rouges connus; cette invention est moderne. Depuis la découverte du nouveau monde surtout, l'Europe se procure la cochenille en quantité presque suffisante; ce petit insecte vit sur les cactus qui croissent au Brésil, au Mexique, à la Jamaïque et à Saint-Domingue.

La mode de porter de la soie était inconnue à Rome avant le commencement de l'empire; mais la fureur de s'en revêtir était déjà si grande au temps de Tibère, que cet empereur en défendit l'usage par une loi formelle. Les Grecs aussi y avaient pris goût, et le manteau d'Amphion était certainement en soie, car un historien nous dit que sa couleur changeait, suivant les différentes manières dont la lumière s'y réfléchissait. Pline donne à entendre que les étoffes d'or des anciens n'étaient pas composées, comme celles de notre temps, d'un fil d'or ou d'argent roulé autour d'une trame de soie, mais qu'elles étaient tissées d'un or dépourvu d'alliage quelconque. Il y a près de cinquante ans, on a retiré par la coupellation plus de quatre livres pesant d'or pur de quelques vieux habits que les Pères du collège Clémentin, à Rome, découvrirent dans une urne en basalte enfouie dans leur vigne. Tarquin l'Ancien est, parmi les Romains, celui qui portait le plus habituellement des vêtements d'or.

Du temps d'Homère, les Grecs mettaient pour le deuil des habillements noirs pendant de longues années; ce même usage s'observait chez les Romains; mais il changea en partie sous les empereurs : de telle sorte que les femmes en deuil ne pouvaient porter que du blanc. Aux funérailles de Septime-Sévère, l'image de cet empereur, faite en cire, était entourée d'un côté d'une rangée de femmes en blanc, et de l'autre de la corporation de tous les sénateurs, vêtus de noir. A la mort de l'impératrice Plotine, son époux Trajan se couvrit d'habits noirs pendant l'espace de neuf jours.

La *toge* recevait autant de nuances que les autres vêtements; mais il serait impossible de déterminer la forme de cette robe. La *tunique*, partie principale de l'habillement de dessous, n'était généralement reçue parmi les nations de l'antiquité que chez les Grecs et les Romains. Auguste mettait jusqu'à quatre tuniques en hiver. Le nom de cet empereur nous rappelle que c'est sous son règne, ou à peu près, que les Romains commencèrent à se servir de *nappes* de table. Montfaucon croit que la plupart étaient en toile rayée d'or et de pourpre. En France, les anciennes nappes étaient destinées à recueillir, après le repas, jusqu'aux moindres miettes qui restaient, afin que rien ne se perdît; et chez nos voisins les Anglais, le linge de table était fort rare au XIIIe et au XIVe siècle.

De même qu'il existe de nos jours plusieurs peuples, surtout sous la zone torride, qui ne portent pas de *chapeaux*, ainsi jadis certaines nations ne songeaient pas à y avoir recours; les Égyptiens, par exemple, allaient nu-tête. Parmi les Orientaux, surtout chez les Perses, le turban était en grande vogue; celui du souverain était formé de tout un ballot de mousseline. Ce fut de ce dernier peuple que les Juifs prirent le turban. Les chapeaux des Grecs avaient des bords très larges; les Romains accordaient à leurs affranchis la faculté de se coiffer d'une espèce de bonnet, ou plutôt de casquette, comme symbole de liberté. C'est à un Suisse habitant Paris vers le commencement du xve siècle qu'on doit la première invention des chapeaux en feutre. Ils étaient généralement connus à la fin du règne de Charles VII; ce monarque lui-même en portait lors de son entrée triomphale à Rouen, en 1449. Les bons citoyens de cette ville restèrent comme pétrifiés, tant ils s'étonnaient de voir le chapeau de Sa Majesté; sa doublure était en soie rouge, et il était surmonté d'un panache. Avant cette époque, il est probable que les Français se couvraient la tête, comme les Anglais, de casquettes tricotées ou de capuchons en drap et en soie.

Les *bas* des anciens se composaient de quelques petits morceaux d'étoffe ou de drap cousus ensemble. On ne peut affirmer avec certitude dans quel pays le métier à bas fut inventé : la France, l'Angleterre et l'Espagne s'attribuent cette utile découverte. Peu de temps avant le tournoi où le roi Henri II perdit la vie, il avait mis la première paire de bas de soie qui jamais eût été chaussée. Cinq ans plus tard, en Angleterre, William Ryder en présentait une paire, comme un objet fort précieux, à Guillaume comte de Pembroke. Ryder avait appris d'un marchand italien la manière de les fabriquer.

Bien des personnes ignorent peut-être que les *sabots* remontent à une époque fort reculée; les Juifs en portaient longtemps avant le siècle d'Auguste. Peut-être n'étaient-ils pas faits exactement comme le sont les *souliers de bois* si répandus dans les classes pauvres en France; il n'en est pas moins vrai que cette chaussure était généralement adoptée parmi les peuples de la Judée. Quelquefois pourtant on y voyait des souliers de cuir; et les soldats juifs se chaussaient en cuivre et en fer. Les Chinois et les Indiens confectionnaient les leurs en soie, en jonc, en écorce d'arbre, en fer, en cuivre, en or ou en argent, selon que leur position de fortune le leur permettait.

A Rome comme en Grèce, le cuir était la matière qui couvrait les pieds de tout le monde. Les femmes romaines portaient des souliers blancs; les citoyens ordinaires en mettaient de noirs, et les magistrats ornaient leurs pieds de souliers rouges dans les occasions solennelles.

Il y a mille ans, les plus puissants souverains de l'Europe avaient des sonnettes de bois à leurs souliers. Sous Guillaume le Roux, fils du vainqueur d'Hastings, la mode s'introduisit en Angleterre de donner aux souliers une longueur démesurée, la pointe qui les terminait se remplissait d'étoupe et se courbait en haut comme une cordelière. Dans le XIVe siècle on imagina de faire communiquer ces pointes avec le genou, à l'aide d'une chaîne en or.

A propos des *souliers*, nous rappellerons l'antiquité de l'art du corroyeur. On trouve au XVIIe chant de l'*Iliade* des tanneurs préparant des peaux pour en faire du cuir. Cette classe de fabricants constituait, il y a trois cents ans, un corps important. On travaille aujourd'hui en perfection le cuir au nouveau monde. Dans la Caroline du Sud et dans la Virginie, les femmes indiennes sont tellement adroites dans cette industrie, qu'une seule personne peut apprêter jusqu'à dix peaux de daim en un jour. De toutes les transformations qui s'opèrent dans les arts, celle de la substance animale en cuir est, sans contredit, une des plus curieuses. Le procédé au moyen duquel on est parvenu, dans les temps anciens, à s'en fournir, était l'effet d'un calcul plus ingénieux encore que ne l'était celui de changer deux corps opaques en un corps transparent pour fabriquer le verre, ou deux corps transparents en un corps opaque pour faire le savon. La chimie nous a récemment appris que le cuir est un véritable sel. Dans ces dernières années, M. Pelouze a extrait du tan l'acide tannique dans un état de pureté remarquable. Ceci nous explique un phénomène qui se reproduit de loin en loin sur l'Océan, lors de quelque naufrage lamentable. Le journal qui retrace l'histoire d'un de ces événements lugubres dit souvent que, dans la dernière période de la faim, les malheureux survivants se mettent à manger leurs souliers, et que la vie est parfois prolongée par ce moyen. Assurément, car la gélatine possède des qualités nutritives, même quand elle est souillée par mille impuretés, comme dans le cuir.

Nous n'en finirions pas s'il fallait passer en revue toutes les modifications successives qu'ont subies, depuis l'antiquité jusqu'à nos jours, les vêtements humains. Ces changements n'avaient souvent pour objet que les parties secondaires de l'habillement. Une chose m'a frappé et charmé à la fois, disait M. de Chateaubriand : j'ai retrouvé dans l'habit du paysan auvergnat le vêtement du paysan breton. D'où vient cela? C'est qu'il y avait autrefois dans ce royaume et pour l'Europe entière un *fond* d'habillement commun.

Sur un autre point aussi, les hommes ont été toujours constants, en ce qu'ils n'ont jamais cessé de s'adresser, pour la matière qui devait composer leurs vêtements, aux animaux que le Créateur a placés dans leurs climats respectifs. Il en sera probablement de même jusqu'à la fin du monde. C'est ainsi que les populations sous la zone tempérée auront recours, pour se couvrir, à de la laine, parce que, conduisant mal le calorique, elle empêchera celui-ci de se dégager du corps. Dans la zone glaciale, les Russes, les Esquimaux et les Groënlandais se revêtiront de fourrures, matière qui est encore plus mauvais conducteur du calorique. Au contraire, les natifs des pays placés sous l'influence de la zone torride confectionneront leurs habillements en crin ou en poil, dont les propriétés sont en raison inverse de celles des fourrures. Il est digne de remarque que les animaux qui, dans les régions tempérées, sont couverts de laine ou de poils communs, se trouvent pourvus, dès qu'ils habitent les contrées réellement froides, d'une toison de dessous en laine très fine : c'est le cas des chèvres, des moutons, des chevaux et des vaches du Thibet.

LES VINS

Le vin date de l'enfance du monde; et la bière, qu'on attribue à Osiris, remonte jusqu'aux temps au delà desquels il n'y a rien de certain.

On a bu et chanté le vin pendant bien des siècles avant de se douter qu'il fût possible d'en extraire la partie spiritueuse qui en fait la force; mais les Arabes nous ayant appris l'art de la distillation, qu'ils avaient inventé pour extraire le parfum des fleurs et surtout de la rose, tant célébrée dans leurs écrits, on commença à croire qu'il était possible de découvrir dans le vin la cause de l'exaltation de saveur qui donne au goût une excitation si particulière; et, de tâtonnements en tâtonnements, on trouva d'abord l'esprit-de-vin, l'eau-de-vie, etc.

Que diraient nos financiers si l'on venait leur offrir du vin de Champagne d'un goût relevé au moyen de goudron, de cire ou de fumée, de feuilles de pin, d'amandes amères, de jus de concombre sauvage, et quelquefois avec de la peau de bouc? Voilà cependant les ingrédients dont quelques Romains faisaient usage pour donner un feu nouveau à leurs vins déjà si capiteux. Aussi Auguste n'en pouvait-il jamais boire plus d'une pinte. Jules César était toujours malade après son dîner. Il ne faut pas s'étonner que Polyphème ait succombé si vite à l'ivresse. Le vin qu'Ulysse lui donna était du vin de Thase; en homme rusé, il se garda bien de lui dire que ce vin n'était potable que coupé de vingt-quatre parties d'eau; il fallait la puissance digestive d'un cyclope pour n'être pas tué par l'effet de ce breuvage dévorant. Le vin maréotique, qui se recueillait près d'Alexandrie, était un vin blanc, généreux, doux et léger, mais qui montait promptement à la tête. Cléopâtre en buvait souvent dans les festins magnifiques qu'elle donnait à Antoine. Cette reine ambitieuse, dans le transport de ses libations, la tête en feu, jurait la perte des Romains et rêvait déjà le Capitole en flammes, lorsque l'aspect de sa flotte incendiée par Octave apaisa cette fureur.

Il serait trop long d'énumérer toutes les qualités des différents vins de la Grèce, que ses poètes ont d'ailleurs immortalisés : citons les plus fameux. Celui de Thase était d'une violence extrême. Le vin de Lesbos, sans manquer de chaleur, avait un goût suave et délicat. Le vin de Crète exhalait le parfum des fleurs; celui de Magnésie était une boisson liquoreuse et légère. Le moelleux vin de Chio avait, chez les Grecs, la même supériorité que le falerne chez les Romains.

Et ce falerne avait l'avantage de se garder fort longtemps. Lorsque Damasippe donna à dîner à Cicéron, il lui fit boire du vin de Falerne de cent ans; et le grand homme, après avoir goûté du premier verre, fit de la tête un signe d'approbation, en disant : « Il porte bien son âge. » Il n'y a qu'une voix dans l'antiquité en faveur de ce roi des vins; il avait, dit-on, la couleur de l'ambre. Horace en avait, dans son cellier, un tonneau de soixante années. Caton, le sévère Caton aimait beaucoup le falerne. On citait encore, quoique dans un rang inférieur, le sabinum, et le nomentanum, recommandé par saint Paul à Titus pour son estomac; il était semblable aux bordeaux ordinaires; le venafre, le spolète, d'une couleur brillante et dorée, le pollium de Syracuse, le césène de Ligurie, le vin de Vérone, les vins de Marseille et de Narbonne, le muscat violet de Vienne et celui du Languedoc.

Il paraît avéré que les anciens n'étaient pas moins gourmets que nous. Homère fait du vin un pompeux éloge, en connaisseur expérimenté; il l'appelle un divin breuvage. Nestor réchauffait ses trois âges d'homme par un vin de douze ans. Ulysse se délectait d'un certain vieux nectar dont il eût pu offrir à Jupiter. Achille mettait de l'eau dans son vin quand il dînait en intimité avec Briséis et

Patrocle; mais quand il recevait des convives, il faisait apporter de grandes urnes, et l'on buvait sec. Nausicaa elle-même, la fille d'Alcinoüs, roi des Phéaciens, avait à ses ordres un cellier d'où elle tirait un vin virginal qu'elle buvait avec ses jeunes compagnes.

Le prix des vins anciens paraît avoir varié, comme celui des nôtres, suivant l'âge et la qualité. L'espèce la plus commune se vendait une trentaine de francs l'amphore (3 hectolitres). Les maîtres en donnaient à leurs serviteurs environ un litre par jour. Une amphore du meilleur vin de Chio coûtait 1,500 *nummi* romains ou petits sesterces (187 fr. 50 c.), quelquefois quatre mines attiques; la mine valait 50 francs.

Les Romains, comme leur climat porte à le croire, buvaient généralement leur vin froid; mais quelques-uns ne le prenaient que chaud, comme Néron et Tibère. Le médecin d'Auguste lui défendit cette boisson; il lui permettait le vin cuit, qu'on faisait d'abord bouillir, et qu'on mettait ensuite refroidir dans la neige. Un raffinement de Néron sur l'ancienne coutume était de laisser fondre des morceaux de glace dans son amystis (sa grande coupe). L'eau favorite était celle qui provenait de l'aqueduc appelé Aqua-Martia, à cause de sa fraîcheur et de sa limpidité. Sénèque craignait les vins frappés de glace; il n'en buvait que rarement. « Cela, disait-il, engendre le squirre dans le foie. » On servait du vin au déjeuner, au dîner et au souper. Cependant le dîner, le plus léger de ces trois repas, se prenait assez souvent sans vin. L'heure du souper, chez les Grecs, était plus tardive que chez les Romains : ces derniers se mettaient à table avant la fin du jour, et dans leurs banquets de réjouissance ils passaient une partie de la nuit.

Quittons cette époque intéressante, pour nous rapprocher des temps modernes.

Les variétés des vins sur le continent sont très nombreuses. En Espagne, on en compte plus de quatre cents espèces, et en France plus de mille. Un seul vignoble du Jura en produit jusqu'à dix-neuf. On ne saurait trop déterminer dans quel pays la vigne a pris naissance. La souche mère est perdue aussi bien que celle du froment; les recherches à ce sujet n'ont rien produit de certain. Tout porte à croire que l'une et l'autre sont originaires de l'Orient.

En général, les meilleurs vignobles sont situés sur les coteaux. Virgile l'affirme dans ses *Géorgiques*. Il faut, pour la vigne, des collines de moyenne élévation, bien boisées au sommet et exposées au soleil. Cependant cette situation n'est pas toujours indispensable. La vigne est fort productive sur la rive gauche du Rhin et de la Moselle, et toutefois elle y croît à l'exposition du nord. En Bourgogne, l'exposition sud est considérée comme sujette aux dernières gelées.

Les terrains secs et légers, les sols calcaires, poreux et volcaniques, conviennent parfaitement à la vigne. Les terres riches et grasses ne produisent pas de bon vin. Les lieux humides n'en produisent pas du tout. Toutefois le même sol présente quelquefois des bizarreries presque inexplicables; dans un petit vignoble de Bourgogne, celui de Montrachet, la nature du terrain, la position, la culture, sont partout les mêmes, et cependant on y récolte trois variétés bien distinctes.

On cultive la vigne de deux manières : à hautes tiges ou à basses tiges; les premières sont des arbres ou des treillis; les secondes sont des échalas à hauteur d'appui. Dans toute la France jusqu'à la Provence exclusivement, en Allemagne, en Suisse, en Hongrie, les vignes sont à basses tiges. En Italie, elles grimpent sur les arbres ou le long des hauts treillis. Les vignes de la Grèce sont fortes de souche et croissent comme des arbres; leurs vigoureux rameaux se soutiennent d'eux-mêmes. Dans l'Italie, surtout en Lombardie et en Toscane, on leur prête le secours de l'érable; dans les vignobles de Naples et dans ceux du sud, on se sert de l'orme et du peuplier.

La vigne produit sans dégénérer jusqu'à soixante à soixante-dix ans. Naturellement elle ne donne pas de fruits avant sa septième année; mais on la rend productive dès la première à l'aide de la greffe.

Les procédés de fabrication varient suivant les contrées. Le vin de Bourgogne reste trente-six heures dans la cuve; celui de Narbonne, soixante-dix jours. En Allemagne, on jette la rafle (la grappe); en Portugal, on s'en sert toujours.

Les tonneaux, en général, sont faits de chêne ou de hêtre; ils prennent différents noms dans les différentes parties de la France. Dans le département de la Marne, c'est une *queue;* sur le Cher, un *tonneau;* sur la Loire, un *poinçon;* dans la Vendée, une *pipe;* à Lyon, une *botte;* à Bordeaux, une *barrique.* Les grandes jauges sont appelées *muids,* et celles de la plus grande dimension, *foudres.*

Il n'y a qu'une espèce de vin qui se fasse sans le pressoir ni le foulage de la cuve : c'est le lacryma-christi. On laisse les raisins se fondre de maturité sur le cep, et l'on suspend des bocaux aux branches, de manière à y recueillir les gouttes qui découlent de cette distillation naturelle. Le malaga de première qualité s'obtient aussi quelquefois de cette manière. Le vin de Chypre se fait à coups de maillet sur un pan de bois incliné. C'est le raisin importé de Chypre qui donne aujourd'hui le lunel et le frontignan.

Dans le midi de la France, on fait du vin très spiritueux qu'on ne laisse jamais fermenter. Il y a encore plusieurs sortes de vins ordinaires auxquels on donne une riche saveur en les faisant bouillir avec de l'eau-de-vie et des plantes aromatiques; ils sont communs en Italie et en Espagne; la Corse est renommée pour les vins de cette espèce. En Angleterre, où il y a peu de connaisseurs, ils passent pour du malaga, du chypre ou du tinto.

L'ébullition donne au vin nouveau la maturité de l'âge; le bordeaux et le porto sont ainsi traités quelquefois. Les vins de liqueur sont ceux de Chypre, de Syracuse et de Malaga, dont le principe saccharin n'a pas disparu pendant la fermentation. Les vins *de paille* sont ainsi appelés parce que les raisins restent étendus plusieurs mois sur la paille avant d'être soumis au pressoir.

La France possède dans le règne végétal les plus beaux dons que Dieu ait faits à l'homme : le blé, l'huile et le vin; elle peut s'appeler le vignoble de la terre. Les vignes de France sont cultivées sur une superficie d'environ 2,000,000 d'hectares, qui donnent un produit de 35,000,000 d'hectolitres de vin, dont un sixième est converti en eau-de-vie; leur produit annuel est élevé à 720,000,000 de francs, sur lesquels 65,000,000 proviennent des exportations. Les anciennes provinces de la Champagne, de la Bourgogne, du Lyonnais, du Dauphiné et du Bordelais renferment les vins les plus estimés; ceux du Roussillon, de la Provence et du Languedoc, le plus souvent dépourvus de bouquet, sont remarquables par leur force.

Dire depuis quelle époque les vignobles ont commencé à jouir de leur réputation est chose assez difficile. Il paraît que ceux d'Autun existaient déjà du temps des Romains; mais on suppose que l'arome et la délicatesse des vins les plus en faveur aujourd'hui n'étaient pas connus il y a deux siècles. Il faut en excepter le vin de Champagne, dont l'excellence était appréciée dès l'année 1328, comme on peut en juger par le fait suivant. Venceslas, roi de Bohême, vint en France pour régler avec Charles VI les clauses d'un traité. Arrivé à Reims, il goûta du champagne, et le trouva si bon, qu'il imagina mille entraves pour traîner en longueur la négociation, tant il prenait plaisir à se griser tous les jours avec ce breuvage délicieux, même avant le dîner. Il concéda tout ce qu'on voulut, à condition qu'il prolongerait son séjour d'un mois encore dans ce bienheureux pays.

Le champagne a, pour ainsi dire, immortalisé les bords de la Marne; les arrondissements de Châlons, de Reims, de Vitry et d'Épernay en récoltent annuellement 1,560,880 hectolitres.

LES VOITURES

L'origine des voitures est fort ancienne; on en trouve les traces chez tous les peuples de l'antiquité; on pense que les Phrygiens sont les premiers qui en aient fait usage. L'attelage de ces voitures, ou plutôt de ces chars, variait suivant les pays : les uns employaient des chevaux, des ânes, des mulets et des bœufs; les autres, des chameaux, des éléphants, des cerfs et des sangliers, et même des ours, des tigres et des lions. A Rome les voitures étaient très répandues; mais seules, les personnes d'un certain rang avaient le droit de s'en servir.

Les anciens Gaulois ignoraient l'usage des voitures roulantes. Cependant on sait qu'un de leurs rois, après avoir combattu sur un *carpentum* d'argent, fut mené en triomphe sur le même chariot. On ne trouve d'ailleurs chez eux que des chariots armés de faux aux essieux, et dont ils faisaient emploi dans les combats.

Les voitures ont donc été longtemps inconnues en France. Les rois mêmes du moyen âge ne se servaient que de coches attelés de quatre bœufs, lorsqu'ils allaient se montrer à leurs peuples et recevoir leurs présents; encore ignore-t-on quelle était la forme de ces voitures. Les princes et les grands n'avaient guère que des chevaux et des mules; les dames s'en servaient aussi, mais le plus souvent elles montaient en croupe.

Les chars leur parurent dans la suite plus commodes et plus convenables; elles s'y accoutumèrent sans peine, et la mode s'en répandit même tellement sous Philippe le Bel, qu'il en défendit l'usage aux bourgeois.

De toutes ces voitures, les litières découvertes étaient les plus nobles; elles servaient surtout aux entrées des reines. On faisait encore usage de chaises à bras, introduites par la reine Marguerite. Ces chaises étaient découvertes, et ne furent fermées que plus tard. A la même époque, les chaises roulantes, communément dites *brouettes*, les phaétons et les autres chaises traînées par des chevaux furent aussi en grande faveur.

Quant aux carrosses ou voitures à quatre roues, leur forme a beaucoup varié : les premières étaient rondes et ne tenaient que deux personnes; on leur donna dans la suite plus de largeur, et une disposition presque carrée pour quatre places. Les portières étaient en cuir, on les abaissait pour y entrer, et elles n'avaient que de simples rideaux. Bassompierre fut le premier qui, sous Louis XIII, fit mettre des glaces à son carrosse. Des voitures plus légères succédèrent à ces premiers équipages lourds et grossièrement faits; et vers le milieu du XVIIIe siècle on vit paraître le carrosse-coupé, la calèche, la chaise avec avant-train, la berline et le vis-à-vis. Sous François Ier, on ne comptait que deux carrosses : l'un appartenant à la reine, et l'autre à Diane, fille naturelle de Henri II. Peu à peu les dames de distinction firent faire des voitures, et ce luxe devint si usuel, que le parlement de Paris se crut obligé de supplier Charles IX de *défendre les coches pour la ville*. Pour donner l'exemple, les présidents et les conseillers se contentaient de simples mules, sur lesquelles on les vit, pendant longtemps, se rendre paisiblement à l'audience.

Mais bientôt il ne fut plus possible d'arrêter cet usage, qui tendait d'autant plus à s'accroître qu'il s'appliquait à un objet dont les gens riches reconnaissaient l'extrême commodité. Toutefois les voitures furent abandonnées pendant longtemps aux dames, aux vieillards, aux infirmes, et les hommes de cour se rendaient tous à cheval dans les cercles de la ville, où ils se présentaient en bottes et en éperons.

Sous Henri IV, les voitures commencèrent à être assez nombreuses, quoiqu'il ne paraisse pas que la maison de ce prince fût montée avec luxe sous ce rapport; car il écrivait à Sully malade : *Je comptois aller vous voir, mais je ne pourrai, parce que ma femme se sert de ma coche.* On comptait alors 320 voitures à Paris.

Sous les règnes de Louis XIII, de Louis XIV et de Louis XV, la quantité de carrosses et de voitures publiques était considérable; quelques auteurs la portent à près de 15,000. Ce fut sous Louis XIII, en 1622, qu'on établit pour la première fois un service régulier de postes aux lettres, dans l'intérêt du commerce et des affaires; il se borna à desservir quelques villes importantes telles que Lyon, Bordeaux, Toulouse, etc.; mais en 1674 il fut organisé pour toute la France et l'étranger. Les premières postes établies sous Louis XI, en 1464, étaient placées de seize kilom. en seize kilom., mais pour le service du roi seulement. Ces postes étaient desservies par des hommes à cheval.

Nous venons de parler des voitures publiques, dont l'usage ne se répandit que longtemps après celui des voitures particulières. Ce fut un nommé Sauvage qui le premier eut l'idée d'entretenir des chevaux et des carrosses pour les louer à ceux qui se présenteraient. Son entreprise eut un entier succès; et, à son exemple, d'autres loueurs formèrent des établissements semblables dans différents quartiers de la ville. Sauvage demeurait rue Saint-Martin, dans une maison appelée l'*Hôtel Saint-Fiacre;* comme il était l'auteur de l'invention et le plus accrédité de son temps, non seulement les carrosses de louage furent nommés *fiacres*, mais les maîtres et les cochers en eurent le nom.

En 1650, Charles Villermé obtint la permission d'établir seul dans la ville de Paris de grandes et de petites carrioles, des litières et des brancards pour la commodité du public. En 1657, M. de Givry obtint également le privilège de faire stationner dans les carrefours, lieux publics de la ville et faubourgs de Paris, tel nombre de carrosses, calèches et chariots, attelés de deux chevaux chacun, qu'il jugerait à propos, depuis sept heures du matin jusqu'à sept heures du soir, pour le service de la ville et celui de la banlieue. A la même époque (1662), on établit des carrosses qui faisaient le trajet d'un quartier de la ville à l'autre, pour *cinq sous marqués* par place, et qui partaient à des heures réglées, quelque petit nombre de personnes qui s'y trouvassent : service entièrement semblable à celui des *omnibus* modernes, qu'on a pu regarder, quoique à tort, comme une invention nouvelle.

En 1664, on fit des calèches traînées par un seul cheval, et contenant quatre places payées 50 centimes chacune. C'est à cette époque que l'on régla définitivement le prix des voitures; il fut fixé à 1 fr. pour la première heure, à 0,75 c. pour la seconde. On mit également en circulation quelques voitures au service de la banlieue.

En 1696, le prix des calèches fut porté à 1 fr. 25 c. pour la première heure, et à 1 fr. pour les suivantes. On régla en même temps le service des cochers de place, et tout ce qui concernait la solidité des voitures.

En 1698, on enjoignit aux loueurs de fiacres d'apposer sur le derrière de leurs voitures des numéros avec de grands chiffres peints en jaune et à l'huile, de manière qu'ils pussent être distingués de fort loin.

Le nombre des carrosses s'est nécessairement accru avec la population; il a suivi l'impulsion du luxe, du commerce, de la civilisation. Nous avons vu que du temps de Henri IV il s'élevait à 320; sous Louis XV, à près de 15,000. En 1840, on comptait, à Paris seulement, 913 fiacres et 121 carrosses supplémentaires, faisant le dimanche un service de fiacres; 733 cabriolets de place, et 700 sous remises; 250 voitures de transport, dites *omnibus;* 179 cabriolets pour l'extérieur, dits *coucous;* environ 9,000 cabriolets pour bourgeois, et 5,000 carrosses de maîtres et de remises : en tout 16,894 voitures à deux ou à quatre roues.

Ajoutez maintenant à ce premier nombre total 537 voitures de porteurs d'eau traînées par des chevaux; 1,000 diligences, malles-postes et voitures publiques; de plus, environ 30,000 tombereaux, ou charrettes, ou haquets, ou camions, etc.; vous aurez, en réalité, 50,000 voitures de toute espèce circulant journellement, et du matin au soir, dans la capitale, au milieu d'une population de 1,200,000 âmes : c'est-à-dire une voiture sur vingt-quatre habitants; et encore ne comprenons-nous dans ce dernier chiffre ni les chevaux de main ni les charrettes traînées à bras, au nombre de 1,620, comme celles des porteurs d'eau, ni une quantité infinie de voitures, cabriolets, charrettes de toute nature, qui viennent chaque jour de la banlieue de Paris.

Depuis l'établissement des chemins de fer, le nombre des voitures s'est beaucoup accru dans Paris, et dépasse singulièrement les chiffres que nous venons de citer, et qui remontent à une période antérieure.

On conviendra qu'au milieu d'un pêle-mêle aussi épouvantable de véhicules, de chevaux et d'embarras, s'il n'arrive pas journellement plus d'accidents à Paris, c'est qu'une Providence semble veiller sur ses pauvres habitants. En divers quartiers de Londres les files de voitures n'affluent guère moins qu'à Paris; mais il y a plus d'ordre dans leur marche; partout des trottoirs garantissent les piétons de leurs atteintes, et par-dessus tout, les cochers ou conducteurs sont beaucoup plus prudents.

FIN

TABLE

—

10509. — TOURS, IMPR. MAME

BIBLIOTHÈQUE

DE LA JEUNESSE CHRÉTIENNE

COLLECTION NOUVELLE

FORMAT GRAND IN-8° — 3e SÉRIE

CHAQUE VOLUME EST ORNÉ D'UNE GRAVURE

ADRIENNE, ou les Conseils d'une institutrice, par Mme Alida de Savignac.

COLONIES FRANÇAISES (HISTOIRE DES) et des Établissements français en Amérique, en Afrique, en Asie et en Océanie, par J.-J.-E. Roy. Nouvelle édition revue et complétée.

CONFIDENCES DE DICK ET D'AZOR (LES), par Anaïs Fillastre.

DÉLASSEMENTS INSTRUCTIFS, par M. Arthur Mangin. Nouvelle édition entièrement refondue et mise au courant des plus récentes découvertes de la science.

DEUX PIGEONS (LES), par Mme Francis Nettement.

GRENIER DE LA VIEILLE DAME (LE), par Mlle Louise Mussat.

HISTOIRES INSTRUCTIVES, par M. de Chavannes.

HOMMES CÉLÈBRES DE LA FRANCE (LES), par M. d'Exauvillez.

INVENTIONS ET DÉCOUVERTES, ou les Curieuses origines, par Ernest Soulanges.

LIVRE DES AVENTURES (LE), par Bénédict-Henry Révoil.

PETITS PATÉS DE MENZIKOFF (LES), ou les Dangers de la richesse, par Alfred d'Aveline.

PIÉTÉ FILIALE ET FRATERNELLE, par F. P. B.

POLOGNE (HISTOIRE DE), par M. de Marlès.

PORTEFEUILLE D'UN VOYAGEUR (LE), par Bénédict-Henry Révoil.

PORTUGAL (HISTOIRE DE), par M. de Marlès.

SIMPLICITÉ GRIMSEL, par Mlle Louise Mussat.

VOISIN GILBERT (LE), ou la Curiosité qui est bien et la Curiosité qui est mal, par Louis Eglé.

VOYAGE AU PAYS DE LA GRAMMAIRE, par un ancien professeur.

Tours. — Imprimerie Mame.

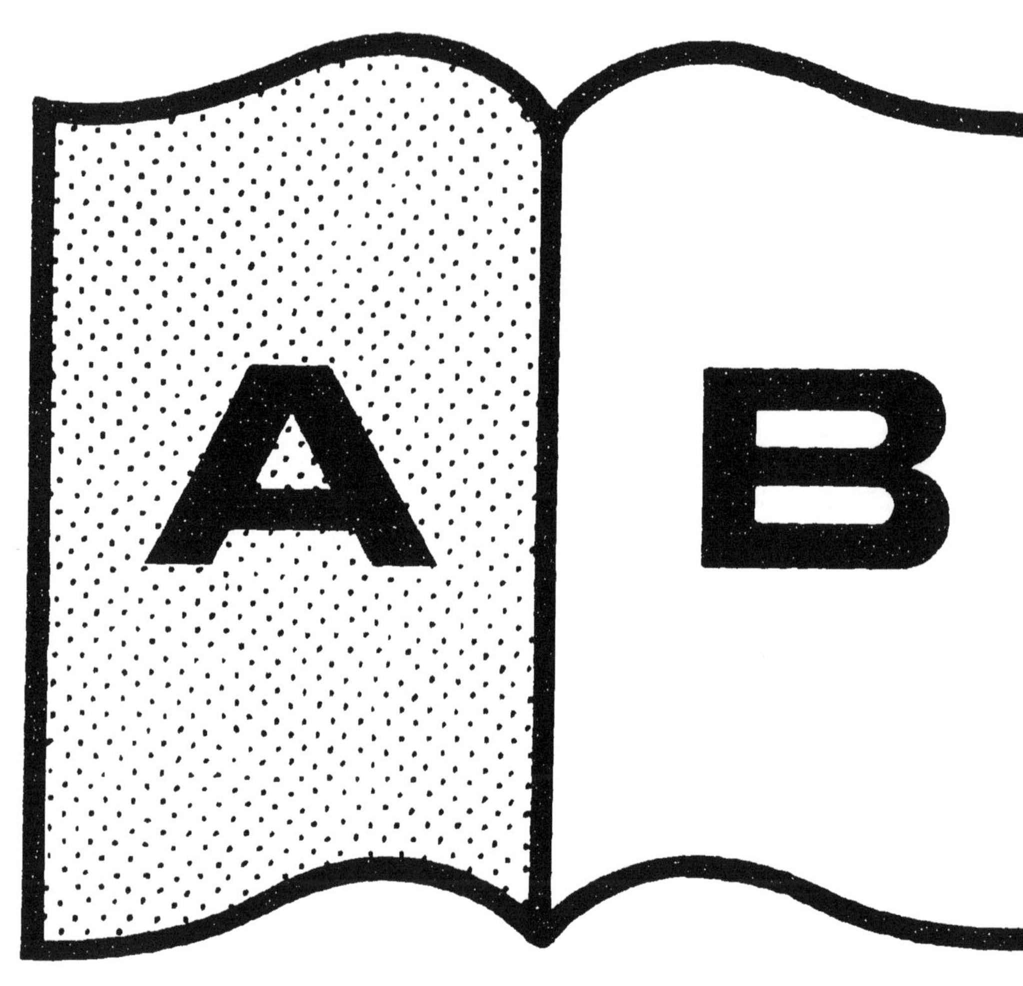

Contraste insuffisant

NF Z 43-120-14

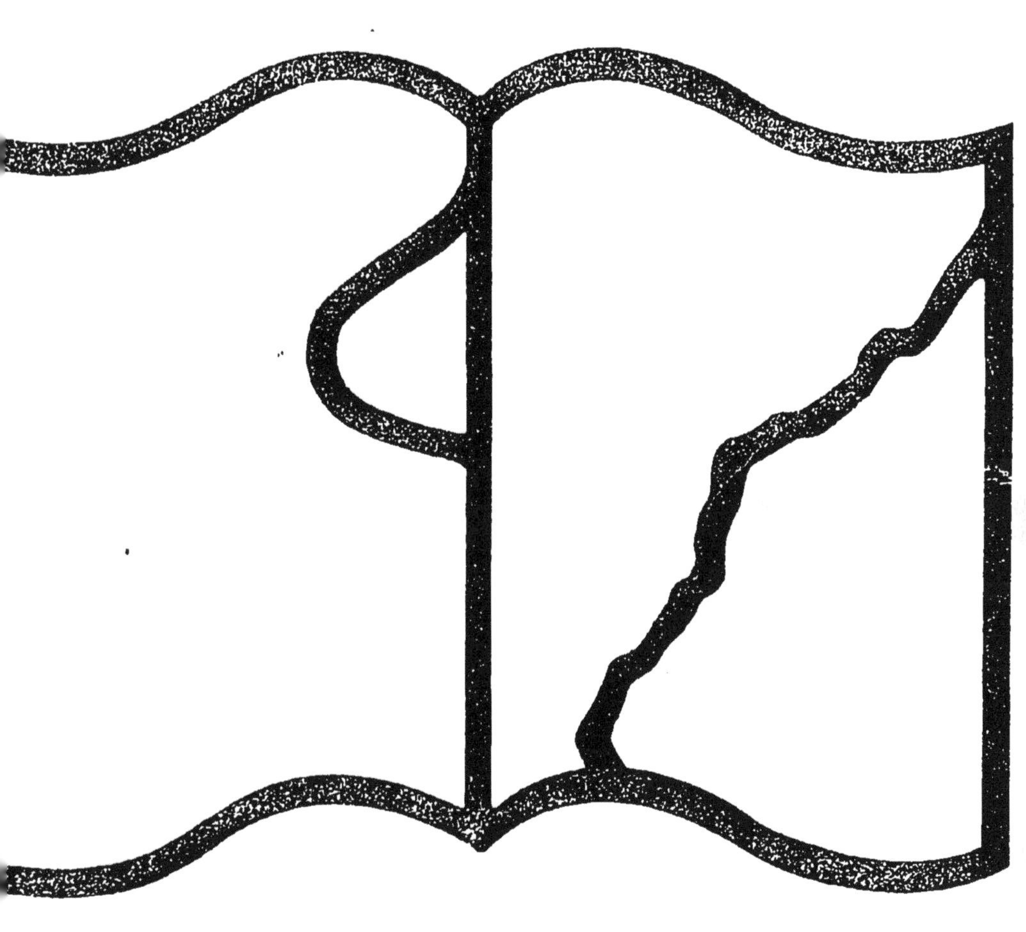

Texte détérioré — reliure défectueuse

NF Z 43-120-11

www.ingramcontent.com/pod-product-compliance
Ingram Content Group UK Ltd.
Pitfield, Milton Keynes, MK11 3LW, UK
UKHW022106190726
13855UKWH00002B/672